与最聪明的人共同进化
HERE COMES EVERYBODY
湛庐CHEERS

To Chinese Readers

I hope you find this book of my verse and Lia Halloren's paintings as inspiring and fun as we have experienced in creating it. The combination of science, poetry and paintings is amazing to us, and we hope to you, too!

Kip Thorne

致中国读者

希望你们能在我的诗作与莉娅·哈洛伦画作的融合中，感受到与我们创作时相同的启发与乐趣。科学、诗歌与绘画的结合令我们惊叹不已，希望你们也能收获同样的惊喜！

基普·索恩

CHEERS
湛庐

THE WARPED SIDE OF OUR UNIVERSE

导读手册

我们宇宙卷曲的一侧

目录

THE WARPED SIDE OF OUR UNIVERSE

创作者的艺术人生

基普·索恩

Kip Thorne

诺贝尔物理学奖得主

电影《星际穿越》唯一科学顾问

加州理工学院最年轻的教授之一

基普·索恩出身于一个知识分子家庭，他的父母是犹他州立大学的教授——父亲维恩·索恩（D. Wynne Thorne）是土壤化学家，母亲艾莉森·索恩（Allsion Thorne）是经济学家。在这种家庭氛围的熏陶下，他的 4 个兄弟姐妹都在各自的领域内有所建树，其中两位当上了教授。

索恩与浩瀚宇宙的缘分起源于 8 岁时参加的一个关于太阳系的讲座，那次回家后，母亲就建议他自己动手做太阳系的模型。成年后，索恩很快就在学术上表现出了极高的天赋，他的科学成果也十分显著。1962 年，他从在物理学领域首屈一指的加州理工学院毕业，进入普林斯顿大学攻读博士学位，并师从著名物理学家约翰·惠勒。1967 年，他回到加州理工学院担任副教授一职，短短 3 年时间便升为正教授，彼时他才 30 岁。

多年来，索恩一直是众多前沿理论学者的导师，其中包括索尔·图科斯基、艾伦·莱特曼等世界知名物理学家和畅销书作家。同时，索恩还是美国文理科学院院士、美国国家科学院院士、俄罗斯科学院院士和美国哲学会会员。

诺贝尔物理学奖得主
全球顶尖理论物理学家

2017 年 10 月 3 日，基普 · 索恩与雷纳 · 韦斯（Rainer Weiss）、巴里 · 巴里什（Barry Barish）一起被授予 2017 年诺贝尔物理学奖，以表彰他们在激光干涉引力波天文台（LIGO）探测器和引力波观测方面的决定性贡献。“引力波将成为未来几年、几十年甚至几个世纪人类探索宇宙的强有力工具，”索恩获奖后接受媒体采访时说，“这是全人类的胜利。”

引力波是探测黑洞和虫洞的一种波动，但它非常难以测量，因为它到达地球时已经变得非常弱。为了探测引力波微小的长度变化，索恩发起了 LIGO 计划。长久以来，索恩为 LIGO 这一项目提供了尽可能多的理论支持，为研发新一代引力波探测器技术作出了贡献。

索恩还曾就“黑洞”与霍金有过 3 次著名的“科学赌博”。第一次是 1965 年对于天鹅座 X-1 是否为第一个黑洞的争辩，霍金持反对意见，但 1996 年，答案揭晓，霍金是错的，他愿赌服输地为索恩订阅了 4 年的成人杂志《阁楼》。第二次索恩与著名物理学家约翰 · 普雷斯基尔站在同一战线上与霍金对赌，他们赌的是宇宙中到底存不存在裸奇点。霍金认为不存在，但是又输了。输给了索恩和普雷斯基尔一件绣有认输信息的 T 恤衫。第三次霍金要求更新赌局，他断言黑洞会彻底抹杀信息，结果却输了，原赌注是一本《棒球百科全书》，但霍金说这本书太难找了，所以用一本《板球百科全书》代替。

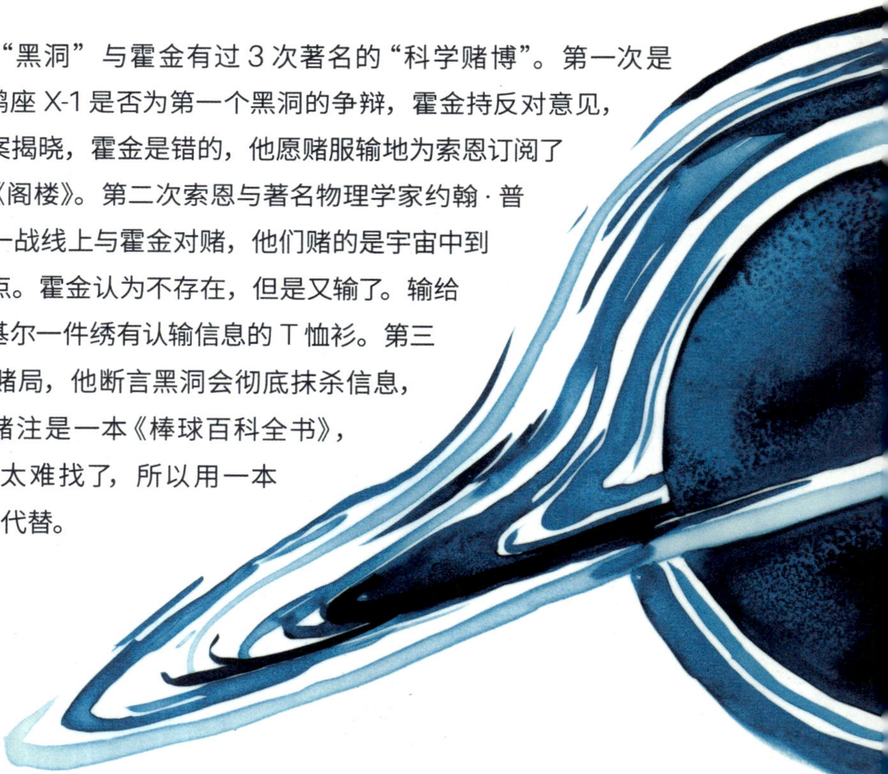

好莱坞烧脑级神片
《星际穿越》唯一科学指导

《星际穿越》虽然在世界范围内掀起了一股“穿越”热潮，但是这一具有颠覆性感官享受的电影的背后，其实蕴藏着深厚的科学知识。

为了确保这部影片的科学性，索恩在影片拍摄前做了两条硬性规定：1. 影片中的情节不能违背已成定论的物理定律，也不能违背已牢固确立的我们对宇宙的认知；2. 对尚不明确的物理定律和对宇宙的猜想要源于真正的科学。对于电影中的很多场景设计，索恩会先通过方程初步模拟出效果，然后再发给特效团队打造高品质的图像。另外，电影中布兰德教授黑板上的方程也都是索恩亲自写上去的。

没有基普·索恩，《星际穿越》必然难以称得上真正的“烧脑”，因为他才是影片中科学内容的灵魂人物。

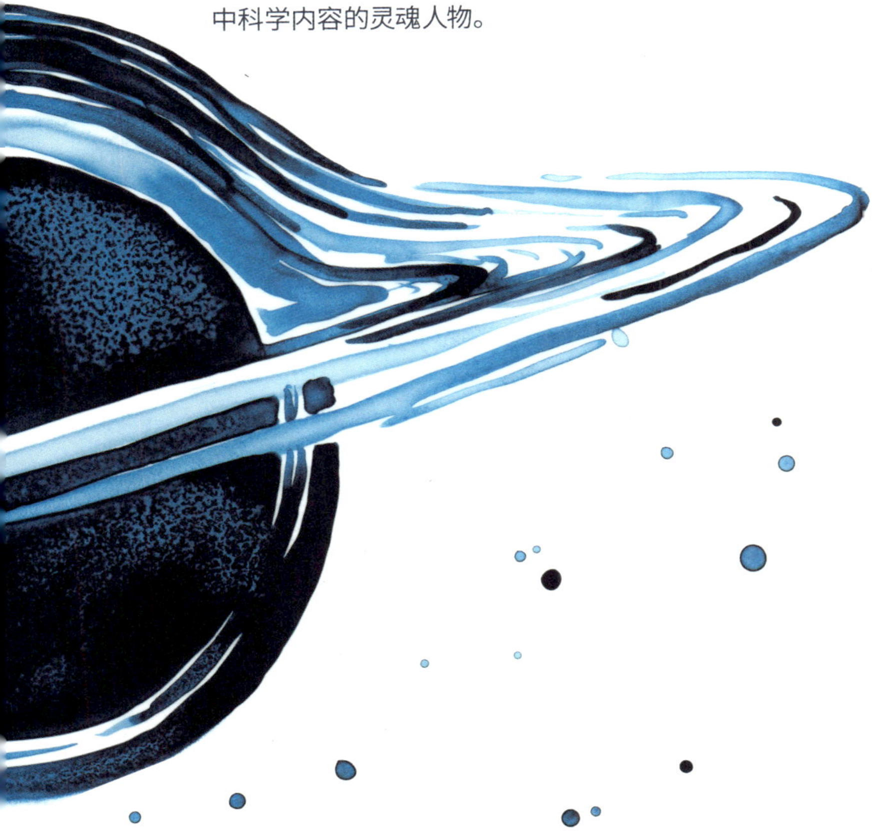

用虫洞撬动时空的科学巨匠

索恩的名字早已成为科学界的传奇，但他从未满足于停留在已知的边界。除了黑洞与引力波的开创性研究，他更是大胆地将目光投向了时空的终极谜题 —— 虫洞。这种被称为“时空隧道”的假设物，是广义相对论的另一种预测，也是人类对时空旅行的终极幻想：从宇宙的一个地方瞬间到达另一个地方，甚至穿越时间本身。

作为最早一批严肃对待虫洞可能性的科学家之一，索恩的研究为科幻与科学的交融打开了新的大门。除了广为人知的《星际穿越》，他也为著名科幻作家卡尔·萨根的小说《接触》中的时间旅行部分提供科学依据。当萨根正苦恼于如何合理化虫洞成为时空旅行的工具时，索恩不仅提供了基于物理学的模型，而且让虫洞从一个抽象的科学概念变成了大众可以理解，甚至相信的未来可能。

索恩不仅用虫洞撬动了时空的边界，更在人类想象力的边界上种上了未来的种子，成了打破时空界限的先锋。他的虫洞研究不仅是理论物理学的重要成果，也为时空旅行的未来探索提供了理论基础。他用科学的语言告诉我们：虫洞不仅是时空的自然产物，甚至可能是某种超级文明刻意设计的桥梁。或许有一天，人类真的将通过虫洞，穿越星际间。

穿行在宇宙卷曲一侧的浪漫诗人

索恩在物理学和艺术界的卓越贡献有目共睹，当谈及哪项贡献对他来说更重要时，年过八旬的他却回答："都不重要……我觉得我最大的贡献，就是辅导过的学生。"因为他深知，科学的未来在于怀抱好奇心和梦想的年轻人，所以始终致力于用创新形式推动科学与大众文化的结合。LIGO 项目、公开演讲、参与讲座、指导科幻小说等都是索恩激发人们对物理学兴趣的方式，宇宙诗集更是意外的尝试——源于《花花公子》的一次约稿，当时 6 000 字的文稿与 9 幅画作被婉拒后，打造一本前所未有的科普书的想法从中萌生。

《我们宇宙卷曲的一侧》最初以散文形式写成，但索恩在本书的设计过程中发现，以诗歌形式呈现效果更佳，于是不辞辛苦重新修改，这才有了这本宇宙诗集。这是索恩第一次尝试创作诗集，因缘际会之下，他用宇宙诗歌与读者相遇，将物理学的诗意和宇宙的浪漫娓娓道来。

索恩的故事正是科学探索最真实的写照：疑问、挑战、失败与成功并存。随着引力波天文学的发展、虫洞理论的推进以及量子引力的探索，索恩的科学旅程仍在继续。正如他自己所说："科学是一场永不停歇的旅程，我们探索得越多，发现的未知就越多，而这些未 知将激励下一代继续前行。"

莉娅·哈洛伦
Lia Halloran
美国当代艺术家、跨界先锋
查普曼大学副教授

将科学的诗意缝进艺术的光影编织者

莉娅·哈洛伦为人熟知，因为她总能将科学概念作为艺术工作的灵感来源，将感官难以捕捉的时间作为艺术创作的工具，让科学与艺术在她的艺术作品中交织出别样的光影。

哈洛伦在艺术上的天赋与成就不言而喻，她的作品以独特的科学视角震撼艺术界。2016 年凭借《你的身体是一个看得见的空间》项目获得美国国家艺术基金会资助，以身临其境的蓝晒法创造出以女性为中心的恒星天体目录。许多作品也被纽约古根海姆博物馆、哈佛大学、查普曼大学等顶尖机构永久收藏，她和她的作品都已成为科学与艺术交织的象征。

这种科学与艺术的跨领域对话源于她高中时在美国旧金山探索博物馆的工作经历。在别具一格的科技博物馆中，哈洛伦读懂了科学是邀请人类感知世界的了不起的语言。她认为科学是一种具体的体验，致力于用艺术的语言将它转化为视觉的诗意表达。她将天体、磁力、引力等抽象概念转化为巨型水晶和冰洞、人体元素周期表等震撼人心的视觉体验，持续不断地探索感知、时间和尺度如何影响人类理解世界的愿望，以及人类在其中的情感和心理位置。

诺贝尔物理学奖得主和当代艺术家再现宇宙卷曲的一侧

哈洛伦与索恩正式结识于美国理论物理学家丽莎·兰道尔举办的活动上。哈洛伦兴致勃勃地分享着自己对索恩的仰慕，坦言很多作品的创作灵感源于索恩的科学理论。索恩也被她的画作吸引，那些将抽象科学概念在时间变幻中演化成多彩光影的作品令索恩惊叹。索恩甚至将她的画作当作草图，推荐给了《星际穿越》的导演。然而，两人虽然早已结下友谊，他们之间仍然缺少一个真正的合作机会。

直到 2010 年 8 月，《花花公子》的文字编辑邀请索恩撰写一篇文章，索恩意识到机会来了。他提议这篇文章以“宇宙的卷曲侧”为主题，配以哈洛伦的艺术作品，就此拉开合作的序幕。次年 7 月，两人提交了一份 6 000 字的散文手稿和 9 幅画作，其中也包括费利西娅的画作。

不久后，他们收到了《花花公子》的退稿通知，原因是哈洛伦笔下的费利西娅没有达到《花花公子》女郎所具备的“女性标准”。索恩和哈洛伦不愿妥协，坚持自己的立场——要么接受莉娅的画作，要么就把文章带到别处发表。《花花公子》也态度坚决地拒绝，并给了一笔解约费。

而索恩和哈洛伦很快就意识到，这是一个将他们的文章和画作变得更加美丽和有影响力的绝佳机会。经过 13 年的创作，

《我们宇宙卷曲的一侧》终于出版，达成了哈洛伦和索恩的历史性合作。在这个过程中，LIGO 项目也发现了那些从遥远的地方抵达地球的引力波：人类与我们宇宙的卷曲侧第一次直接接触。通过这些引力波，LIGO 团队已经确认时空风暴是真实的，并且其行为正如计算机模拟和哈洛伦的画作中所描绘的那样。

哈洛伦用蓝色墨水在胶片上一点点绘制，用深浅不一的蓝色生动再现了宇宙卷曲面的神秘、变幻、奇妙和狂野，她灵动脱俗的画作与索恩史诗般的诗句相互辉映，碰撞出独属于科学的浪漫与诗意，共同揭示了时间旅行、黑洞、引力波和宇宙的诞生。

THE WARPED SIDE OF OUR UNIVERSE

重磅导读

举重若轻间触及我们的宇宙

陈学雷
中国科学院国家天文台研究员

大概在 2002 年，我第一次见到了本书的作者基普·索恩教授。那时，LIGO 才刚开始运行，还没有探测到引力波，索恩教授当然也还没有因此获得诺贝尔奖。他参与创作的科幻大片《星际穿越》此时也还只是构思。但是在物理学圈子里，他早已赫赫有名。我记得我到加州理工学院访问时，曾好奇地站在他的办公室外，仔细阅读了那些被他装裱后挂在墙上的对赌协议。这些协议记录下了多年来他和霍金就广义相对论等许多问题的对赌，比如宇宙中是否存在裸奇点，大部分以霍金愿赌服输告终。而另一些他和他的学生们（很多此时也早已成为著名学者）的对赌，则往往是学生们胜出。除了在黑洞、引力波等研究中取得诸多重要成果，索恩教授还以思路新奇大胆著称，比如用虫洞实现星际穿越、时间旅行等有趣的非正统想法就出自他手。他的这些想法成就了《超时空接触》《星际穿越》等许多硬科幻作品。教授本人则很和蔼。

本书是索恩教授与艺术家哈洛伦女士的一个创新尝试，用一种散文诗与简笔画相结合的形式，向普通读者传递现代物理学对时空和引力的阐释。许多具有好奇心和求知欲的人，很想理解诸如黑洞、虫洞、引力波、高维空间等奇妙的概念。但遗憾的是，对非专业人士甚至专业人士来说，这些概念所涉及的高深、抽象的理论并不容易理解。在本书中，索恩教授以颇为生动、直观而又风趣的笔触，描述了其中的物理过程，例如，黑洞如何形成？两个黑洞并合时如何激发出时空风暴并发出引力波？引力波又如何穿越浩瀚的宇宙从而被耐心开展研究的科学家们探测到？

和索恩教授一样，哈洛伦女士显然也是一位不拘一格、喜爱创新的人，她用自己的笔端勾画出了索恩教授描述的卷曲时空。我自己在阅读和翻译这部作品时最直观的感受，就是两位创作者举重若轻，好似并非在写一本正经的科普书，而是有点像写一个“同人”小说——书中的唯一角色是哈洛伦的家人费利西娅女士。或许，这才是科学家和艺术家最享受的过程：在轻松、自由的心境中，完成对创新的探索实验。

索恩教授以散文诗的形式完成了本书的创作，既不押韵，也不试图遵守任何格律要求，换言之，“分行散文”而已。索恩教授的解释是，他所要表达的复杂物理过程，要在保持格律形式的同时加以说明并不容易，偏要如此，或不免于啰唆累赘。另外，我也觉得真正的诗歌形式恐怕与作者在创作时那种自由挥洒的风格不契合。但既然如此，本书又何以称为“诗”？ 我个人的理解是，散文诗之诗，主要体现在强制的分行产生了一种节奏感。这迫使读者沉浸其中，以一种更悠缓的节奏阅读这些描述，从而更深入地理解和思考。所以，尽管从表面上看，散文诗似乎并无明显格律，但整体阅读时，其感受仍与阅读普通散文有很大的区别，更近于读诗的体验。这可能也是索恩教授想要以散文诗的形式创作这一作品的深层原因。

作为绘画艺术的外行，我初见本书中哈洛伦女士画作的时候，感到这些画与在美术馆中常见的那些经典艺术作品样貌迥异，更有点像是顽童在课本空白处留下的涂鸦。 而且，哈洛伦的画作给我的直观印象是笔画刚硬、突兀，完全不同于一般印象中女性的柔美风格。不过，在翻译本书的过程中，我发现她的画作确实很好地阐释了书中描述的物理图像。在习以为常后，我也能感受到这些画作中洒脱不羁的个人风格。显然，她的艺术追求并不是迎合大众的审美习惯，而是实现某种自我表达。

在翻译过程中，我使用了部分词汇翻译书中一些经常出现、意思相近但有所区别的词，例如 warp 译为卷曲，twist 译为扭曲，distort 译为弯曲。作者近年来还创造了一个新的物理术语 tendex，它的复数形式是 tendices，我结合词义和发音译为“伸拽”。书中多次提到的激光干涉引力波天文台英文缩写为 LIGO（读作“ 莱钩 ”）；激光干涉空间天线缩写为 LISA（读作“丽萨”），室女座引力波干涉仪缩写为 VIRGO（读作“ 沃钩 ”）。这些缩写在书中均作为单词使用，因此译文中直接保留了原文。另外，在原稿的词汇表部分，作者对诗中的一些相关物理术语给出了解释说明。不过，由于中英文语境不同，有些地方可能还是有些难懂。我也在一些地方加了脚注，方便读者理解。水平所限，或有舛误，亦望读者不吝赐教。

由诗与美抵达宇宙的真相

陈楸帆
科幻作家

基普·索恩与莉娅·哈洛伦的《我们宇宙卷曲的一侧》是一本在科学与艺术的边界上跳动的书，它既不满足于用公式解释黑洞的引力场，也不愿仅以颜料涂抹星云的绚烂。这本书诞生于一种近乎叛逆的合作——一位物理学家试图用诗歌重构时空的纤维，一位艺术家用墨水描绘不可见的引力涟漪。他们的合作像一场精心设计的实验：当黑洞的数学方程被拆解成诗句的韵律，当虫洞的几何结构被转化为流动的线条，科学的精确性与艺术的模糊性在此碰撞，暴露出一种更接近宇宙本质的真相。

科学在此书中不再是冰冷的理论堆砌，而是被赋予了叙事的温度。索恩将广义相对论中“时空卷曲”的概念，转化为费利西娅坠入黑洞的寓言：她的身体被拉伸成面条，被奇点的混沌撕碎，这些充满痛感的意象实则是时空纤维在强引力场中的数学描述。科学语言的诗化并未削弱其严谨性，反而让抽象概念获得了血肉之躯。当LIGO探测到引力波的章节与描绘时空风暴的画作并置时，读者看到的不仅是科学发现的里程碑，更是一场跨越10亿年的宇宙戏剧——黑洞碰撞的“狂野风暴”被人类的仪器捕捉，正如画布上的墨水痕迹凝固了艺术家对不可见之物的想象。这种表达暗含一种深刻的隐喻：科学实证与艺术直觉，本质上都是人类试图触碰宇宙真相的不同路径。

而艺术在此书中获得了前所未有的科学重量。哈洛伦的画作拒绝沦为理论的图解，她的墨水线条在表现黑洞“漏斗状时空”时，既遵循物理学的维度坍缩，又以扭曲的人体姿态暗示引力对存在的压迫。那些反复出现的费利西娅形象——在黑洞边缘分裂成多重幻影、在虫洞口化作水晶球中的微缩宇宙——既是光线路径的视觉化，也是对人类在宇宙中渺小命运的凝视。更值得玩味的是，书中分享了《花花公子》因画作“不符合女性标准”而退稿的插曲。哈洛伦笔下非理想化的女性身体，恰如宇宙中未被规训的卷曲时空，它们共同构成对“标准答案”的抵抗：真正的探索永

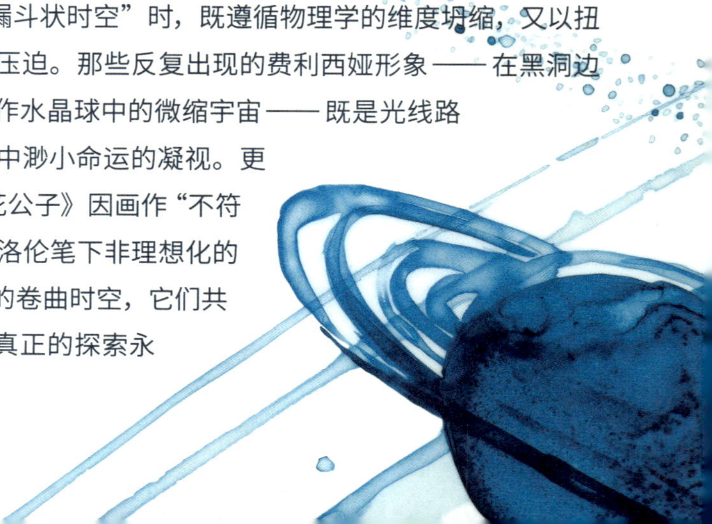

远需要突破认知的舒适区，无论是对天体物理还是对社会审美。

这种跨界合作对大众而言，是一场认知范式的启蒙。当读者面对诗句“时间向下倾泻 / 朝向黑洞的核心 / 一个狂野、混沌的奇点”与对应画作中螺旋坠落的墨迹时，他们不再是被动接受知识的客体，而是被邀请进入科学与艺术共同编织的隐喻网络。书中反复强调的“双向激发”—— 诗歌催生绘画，绘画重塑诗句 —— 本质上是在模拟宇宙自身的创造逻辑：能量与物质、空间与时间，正是在永恒的相互作用中构建出现实的结构。这种表达方式消解了科学的高墙，让黑洞与虫洞不再是遥不可及的概念，而是成为每个人都能用直觉感知的“存在的褶皱”。

在弦理论设想的多维空间中，人类栖居的三维膜宇宙可能只是更高维结构的投影；而索恩与哈洛伦创造的这本书，何尝不是科学真理在艺术维度上的投影？当引力波的震动被写成诗句、黑洞的吸积盘被绘作墨色漩涡时，他们证明了宇宙的“卷曲”不仅存在于时空几何中，也深植于人类理解世界的方式—— 唯有让不同维度的思维相互缠绕、拉伸、碰撞，我们才能短暂地贴近那个永远无法被完全言说的真相，去领略无法被完全驯服的美。

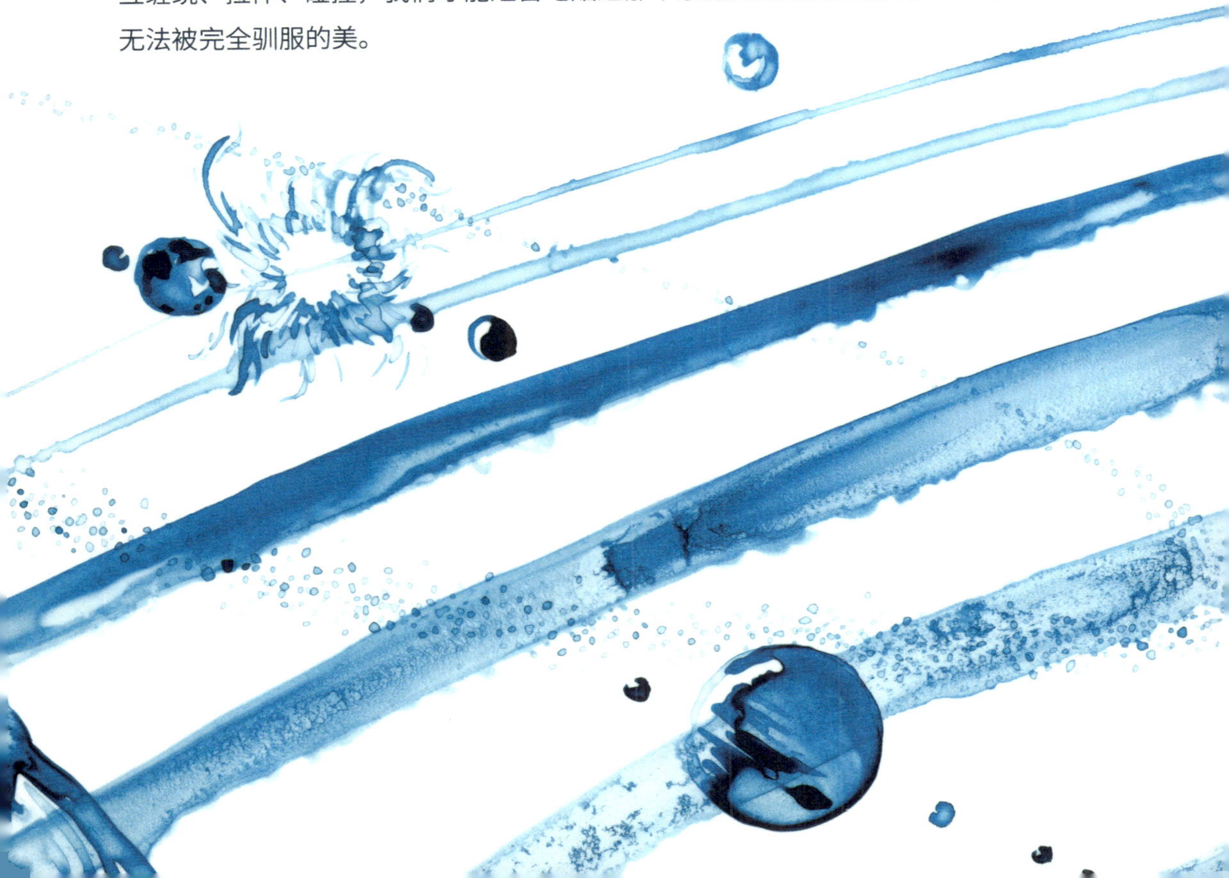

THE WARPED SIDE OF OUR UNIVERSE

重磅赞誉

《我们宇宙卷曲的一侧》一书由诺贝尔物理学奖得主基普·索恩与艺术家莉娅·哈洛伦共同创作，通过诗歌与绘画的形式，生动展现了黑洞、虫洞等前沿物理现象所构成的宇宙卷曲一侧。作品以严谨的科学理论为基础，结合艺术化的表达方式，深入浅出地探讨了时空的本质、极端引力环境下的时空结构变化以及时间旅行等极富挑战性的问题。从黑洞奇点到虫洞穿越，从引力波的初次捕捉到时间机器的哲学思辨，本书让人们以新视角感知时空的神秘与美丽。无论你是科学爱好者、艺术追随者，还是对宇宙怀揣无尽好奇的读者，这本书都将带来前所未有的感动与启发。

苟利军

中国科学院国家天文台研究员，中国科学院大学教授

正是一部将深邃的科学探索与人类好奇心完美融合的杰作。书中对黑洞、虫洞、时间旅行等的阐释，不仅是物理学的突破，更是一场思维自由的启蒙。真正的教育也不应囿于标准答案，应该宇宙探索一样，以开放的姿态追问“为什么”。这本书的独特之处在于，它用诗意的语言和唯美的画作将复杂的理论转化为可感知的视觉想象。我非常推荐这本书，不仅因为它拓展了认知的边界，更因为它教会我们：最好的教育，永远在已知与未知的交界处。

蔡朝阳

教育学者，亲子作家

索恩的文字似实验室溢出的月光，黑洞坍缩在他笔下化作词语的向心力，虫洞成为被句号截断的未完成句。那些震颤着的引力波从实验室的方程式中，在午夜，悄然结晶成诗行。

物理学家与艺术家莉娅的交织共振，让画布收纳宇宙的谜团，用油彩为时空褶皱制作图谱。虫洞折射的光斑成为颜料管挤出的叹息。钴蓝与钛白交叠形成的旋涡，暗合双星合并模型的能量梯度；与深红缠绕和对抗形成的旋涡，正是黑洞正面相撞缠绕产生的引力波。最精妙处在于留白——那些未被涂抹的画布裂隙，恰似等待方程式填充的括号。

《我们宇宙卷曲的一侧》似一面镜子，通过物理学家的诗文与艺术家的画作，某种真相的雏形正从二位的镜面中渗出。此刻，黑洞仍在吞噬画布边缘的油彩，引力波正摇动着未干颜料构成海。更多未解之谜，通过吸引进入这面“镜子”中成千上万的好奇和求索者，将在未知的时间旅程中逐一解开。

晏燕

今日美术馆执行馆长

作为一位始终关注教育本质的实践者，我常思考科学与人文如何共同滋养人的成长。诺贝尔物理学奖得主基普·索恩与艺术家莉娅·哈洛伦合作的《我们宇宙卷曲的一侧》

真是一场科学与艺术的奇妙融合！这本书充满了活力且富有智慧，跨越了整个宇宙，同时又深情地扎根于地球，与人的本质紧密相连。这场变幻莫测的艺术与科学的盛宴，以其迷人的魅力深深吸引着人们，让人沉醉于其迷人的波浪之下，而时间仿佛在这一刻消失了。

黛安·艾克曼

《纽约时报》作家，康奈尔大学和哥伦比亚大学文学教授

这部独特作品中蕴含的宇宙力量，从物理学家基普·索恩身上汲取了诗句，又推动艺术家莉娅·哈洛伦描绘了那些肉眼难以看见的涟漪。通过他们共同想象的虫洞，坐在沙发上的太空迷也能遨游在宇宙卷曲的一侧，并为之惊叹。

达娃·索贝尔

美国科普作家，畅销书《经度》作者

这些宇宙奇观跃然纸上……艺术家莉娅·哈洛伦与物理学家基普·索恩历时 10 余年倾心打造的跨界作品，用俏皮的自由诗与令人震撼的视觉艺术演绎宇宙科学……其之于宇宙科学的意义，就像英国医学家伊拉斯谟·达尔文在 1791 年用史诗《植物园》(*The Botanic Garden*) 普及植物学新分支之于地球科学一样……这些从华美书页中浮现出的作品，既延续了数学家莉莉安·李伯令爱因斯坦着迷的科学自由诗精神，又独具原色梦幻般的奇观里……印证了诺贝尔奖诗人维斯瓦娃·辛波丝卡的隽语——无论灵感为何物，它都诞生于持续不断的未知，而这也正是科学的熔炉。

玛丽亚·波波娃

美国作家、思想家

发人深省……这是一件雄心勃勃的艺术科学结合体……植根于前沿研究。

戴维·凯泽

麻省理工学院物理学教授

物理学家基普·索恩和艺术家莉娅·哈洛伦找到了一种新颖的方法，以令人惊叹的细节呈现了探索这些主题的全新方式。两人的合作如同这本书本身一样引人入胜……索恩以诗体写就的文字与哈洛伦生动的画作相得益彰，完美诠释了如何用研究刺穿这个纷繁浩瀚的宇宙。画作中旋转着的宇宙，通过主人公费利西娅被时空卷曲的形象来阐释黑洞特性。

《美国联合通讯社》

索恩与哈洛伦成功打造了通往令人困惑的宇宙卷曲侧的入口，展现了剧烈的时空风暴、恒星碰撞以及卷曲、拉伸、挤压、缠绕的旋涡与张力。这是科学与艺术一次生动且富有启发性的结合。

《书单》

这本华丽夺目的著作以哈洛伦炫目且具有代表性的画作为主导，配以索恩自由的诗歌解说……这是为尖端天体物理学服务的绝美艺术。

《科克斯书评》

诺贝尔物理学奖得主基普·索恩与查普曼大学艺术系教授莉娅·哈洛伦联手，为我们带来了一场充满想象力的宇宙最奇特景观之旅……风格鲜明的视觉呈现令人赏心悦目。

《出版人周刊》

THE WARPED SIDE OF OUR UNIVERSE

双语诗歌赏析

/

Our universe is varied and vast —
galaxies, planets, stars and moons
quasars, pulsars and magnetars
all made from atoms and molecules
just like you and me
and all that we hear and touch and see.

Our universe is also endowed
with a marvelous, shadowy side that is *Warped*
— phenomena forged
from warped spacetime.
Witness the ravenous, fat black hole
that Lia here depicts
ingesting her wife,
Felicia.

我们的宇宙千变万化，浩瀚无垠——
星系、行星、恒星和卫星
类星体、脉冲星、磁陀星
都由原子和分子铸就
就像你和我
以及所听、所触、所看的一切。

我们的宇宙还拥有
一个神奇而幽暗的侧面——卷曲侧
那是由卷曲时空所锻造的。

请见证那庞大而贪婪的黑洞
正如莉娅所描绘
吞噬着她所爱的人
费利西娅。

/

A very long time ago,

a billion years in the past

— while here on Earth

multicelled life

arose and spread around the globe —

in a galaxy far, far away,

two spinning black holes danced 'round one another,

rippling the fabric of space and time.

The ripples

— we call them gravity waves —

sucked energy from the holes' orbit.

So

the holes spiraled inward

eclipsing each other

toward a climactic collision.

The holes at half of light speed

catastrophically

collided and merged

in a brief, cataclysmic storm

of writhing and twisting spacetime

that brought the waves to crescendo.

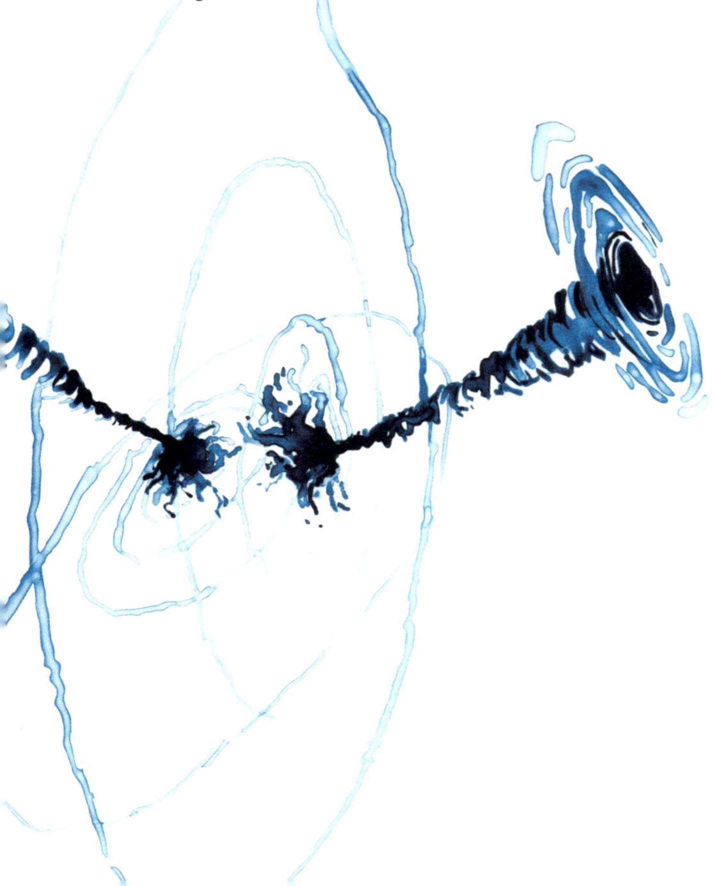

很久很久以前

在十亿年前的过去

那时的地球

出现了多细胞生命

并在全球蔓延。

而在一个遥远的星系中

两个旋转的黑洞互相绕着舞蹈

在时空的织物上留下涟漪。

这些涟漪——

我们称之为引力波

从黑洞轨道中提取了能量。

于是两个黑洞向内旋进

彼此掩蚀，直至激烈碰撞。

两个黑洞以光速的一半

剧烈地相撞并融合

引发了短暂而剧烈

翻滚而扭曲的时空风暴

将引力波推向高潮。

/

The climaxing gravity waves
from this catastrophic collision
surged out of their birthing galaxy
and into interstellar space.

Spreading across our universe
for nearly a billion years,
they stretched and they squeezed
all that they met
(stars and planets and nebulae . . .)
in patterns that encoded
a portrait of their birth:
Colliding Holes and Spacetime Storm.

Then
fifty thousand years ago
— when humans shared Earth with Neanderthals —
the spreading and weakening gravity waves
sailed into our spiral-armed Milky Way.
Our galaxy. Our home.

这场剧烈碰撞产生的引力波高潮
从它们诞生的星系中喷涌而出
进入星际空间。

在宇宙中散播
历经近十亿年
所遇之物——恒星、行星和星云……
都被拉伸、挤压
形成了它们诞生的画面
相撞的黑洞和时空风暴。

然后，五万年前
当地球上的现代人类还在与尼安德特人共存
这些散播开来、减弱了的引力波
才飘进了张开旋臂的银河系
我们的星系
我们的家。

Of Ants and Wormholes

and Crystal Balls

/

Imagine that you are a tiny ant
confined by the laws of your colony
to live on the skin of an apple.
That apple skin is your whole universe
a membrane from which
you can never escape.

The distance across your universe
— from apple's bottom to apple's top —
seems dreadfully large to you.

Imagine a wormhole abruptly appearing
gnawed by a worm
through your apple's core.

Now you can choose your ambling route
from apple's bottom to apple's top:
The long route around your universe
along your apple's skin.
Or the shorter wormhole trek
down through the apple's bulk.

蚂蚁，虫洞和水晶球

/

想象你是一只微小的蚂蚁
被蚂蚁群体的法则所限制
你生活在一个苹果的表皮上
那苹果皮就是你的整个宇宙
你永远无法逃脱的一个膜。

横跨宇宙的距离——
从苹果底部到苹果顶部
在你看来
是如此遥远和可怕。

再想象一个
被蠕虫啃咬产生的虫洞
突然出现
穿过了苹果的核心。

现在你可以选择从苹果底部到苹果顶部的路线
沿着苹果皮绕行的长路
或者穿过苹果内部的虫洞
走一条更短的捷径。

/

Imagine our own universe — our brane —

is bent in the higher-dimensional bulk.

So our Milky Way galaxy's center is just

a few thousand miles away from the Earth

— a few thousand miles across the bulk.

You and I and everything on

the material side of our vast universe

are forever confined to our brane.

We never can ever escape.

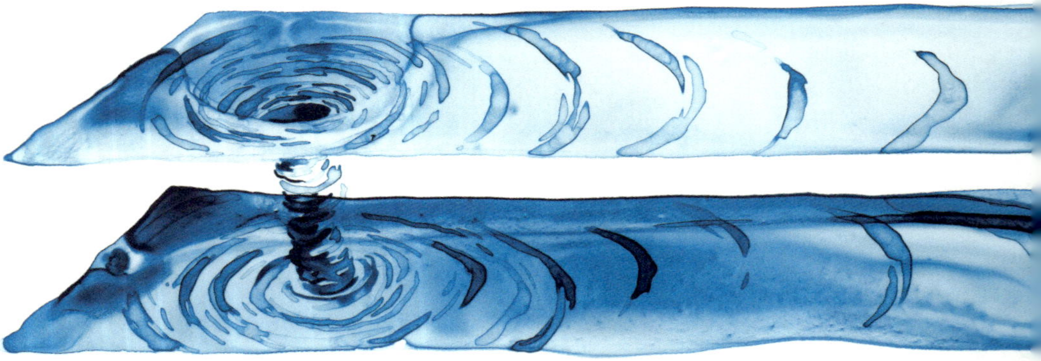

We cannot traverse the bulk — unless

An appendage protrudes from our brane

stretching across the bulk.

The appendage's surface

is part of our brane.

A very swift shortcut

to Milky Way center.

A wormhole through the bulk.

With one space dimension suppressed

in Lia's evocative painting

The mouth of the wormhole looks like a circle.

With the missing dimension restored

that circle becomes a sphere.

The wormhole's marvelous spherical mouth.

再想象我们的宇宙，我们的膜
在更高维的宇宙体中卷曲
我们银河系的中心就在地球附近
仅仅几千千米的距离——
横跨宇宙体的几千千米。

你、我和广袤宇宙中所有的东西
都永远被困在我们所处的膜内
永远无法逃脱。

我们不能穿越宇宙体
除非一个附属物从我们的膜上突出
延伸穿过宇宙体。

这个附属物的表面
是我们膜的一部分
是通往银河系中心的快捷通道
是穿越宇宙体的虫洞。

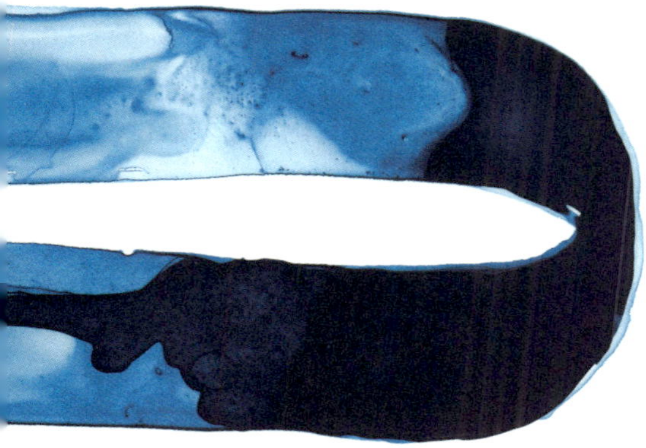

在莉娅引人思索的绘画中
一个空间维度被压缩掉了
虫洞的入口看起来像一个圆。

当加上这缺失的维度时
圆就成为一个球——
虫洞奇妙的球形入口。

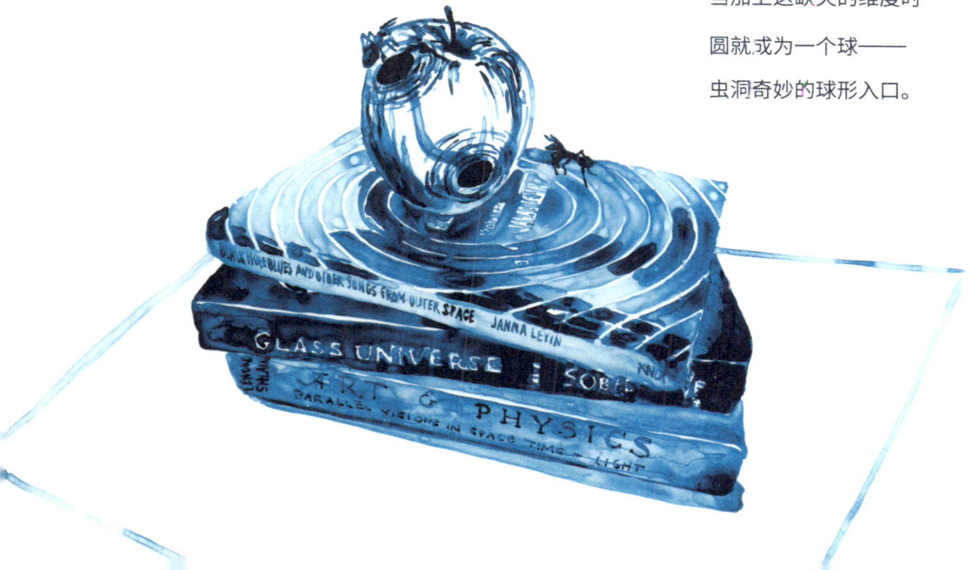

/

Light from the core of the Milky Way
cruising through the wormhole
carries to Earth an image of all
that lives inside the Milky Way core:
stars and dust and nebulae
and shadows of a huge black hole.

Peering into the wormhole's mouth
we see the image as though it were
embedded inside a crystal ball
— a miniature edition
of stars and dust and nebulae
and shimmering black-hole shadows
embalmed inside the crystal.

What a beauteous crystal ball
the wormhole mouth resembles!

来自银河系核心的光穿越虫洞
将银河系核心内的景象
传送到地球
恒星、尘埃、星云
以及一个巨大黑洞的阴影。

当我们向虫洞口内望去
就会看到这样的景象
如同嵌在一个水晶球内——
一个微型版本的银河系核心
恒星、尘埃、星云
以及闪烁的黑洞阴影
都镶嵌在水晶内。

这虫洞的入口
多像一个美丽的水晶球！

联袂推荐

陈学雷
中国科学院国家天文台研究员

苟利军
中国科学院国家天文台研究员
中国科学院大学教授

晏 燕
今日美术馆执行馆长

玛丽亚·波波娃
美国作家、思想家

达娃·索贝尔
美国科普作家
畅销书《经度》作者

陈楸帆
科幻作家

蔡朝阳
教育学者
亲子作家

黛安·艾克曼
《纽约时报》作家
康奈尔大学和哥伦比亚大学
文学教授

戴维·凯泽
麻省理工学院
物理学教授

ISBN 978-7-5739-1734-8
9 787573 917348 >

上架指导 科普/宇宙/艺术
定价 299.90元

（本手册为附赠品）

CHEERS
湛庐

THE WARPED SIDE OF OUR UNIVERSE

[美]基普·索恩（Kip Thorne）著 [美]莉娅·哈洛伦（Lia Halloran）绘 陈学雷 译

我们宇宙卷曲的一侧

浙江科学技术出版社·杭州

测一测

扫码加入书架
领取阅读激励

扫码获取全部测试题及答案，
一起了解人类对美丽、奇妙的
引力波的探索

你了解宇宙中时空的奥秘吗？

- 在虫洞理论中，虫洞被认为是什么类型的结构？（ ）（单选题）

  A. 一种稳定的宇宙桥梁

  B. 一种不稳定的宇宙桥梁

  C. 一种人造的时间机器

  D. 一种自然形成的时间机器

- 根据爱因斯坦的时间卷曲定律，重力越强，时间就流逝得越（ ）

  A. 快

  B. 慢

- 引力波是如何产生的？（ ）（单选题）

  A. 物质坍缩

  B. 恒星的演化与爆炸

  C. 核聚变反应

  D. 物质和能量的剧烈运动和变化

扫描左侧二维码查看本书更多测试题

致费利西亚和卡萝莉

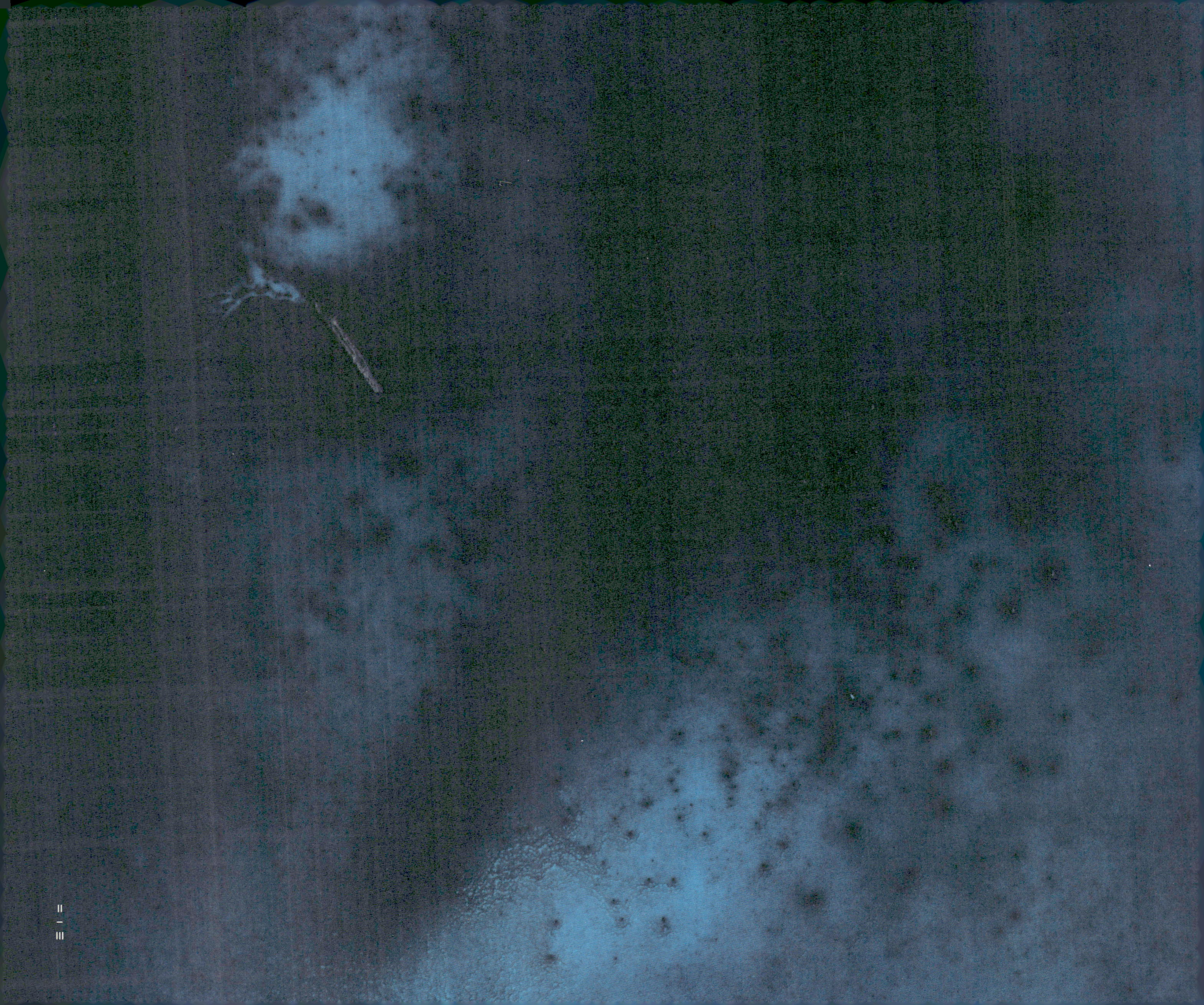

THE WARPED SIDE OF OUR UNIVERSE

中文版序

当宇宙坍缩成诗

非常高兴湛庐出版了《我们宇宙卷曲的一侧》，能让中国的读者们读到这本书，对我们而言是莫大的荣幸。希望你在阅读和体验这本书时，能像我们在创作它时一样享受其中。

这本书以一种革命性的新方式，通过诗歌与绘画的紧密交织，向非科学专业的读者们传递了科学的本质。

起初，这只是一场开创性尝试，目的是看看我们能否以这种方式进行科学与艺术的交融。在这本书英文版出版后的这段时间里，来自全球各地的读者接受了这本书的新颖表达，并肯定了这次尝试的成功。现在，中国的读者们也可以通过这本书的中文版自行感受了。

而这次合作对我们个人而言也意义非凡。

索恩表示："宇宙的运行法则，也就是物理定律，是用数学的语言书写的。我用数学来解释宇宙为什么会像我们看到的那样运行，用数学来预测未来的观测和实验结果，并发明和设计新技术。然而，尽管数学计算结果极为精确，但过程往往烦琐复杂，需要花费数天、数月甚至数年才能完善。为了指导我的研究，帮助我推测宇宙的行为方式和成因，并决定哪些计算最能验证我的推测，我需要一种截然不同的工具，那就是物理直觉。对我来说，物理直觉总是建立于我脑海中的图像，我在头脑中操控这些图像，有时也会在纸上勾勒草图。在创作这本书的时候，我向莉娅展示了我脑海中图像的粗糙版本。以此为起点，她从我的草图中获得灵感，创作出许多画作，并将我们两个人的想法融合，最终转化为我们宇宙卷曲一侧浩瀚而优雅的视觉作品。"

莉娅说道："索恩以生动的脑海影像和粗糙的草图开始探索新的科学想法。我的艺术创作过程同样源于一种渴望——让无形的事物变得有形，赋予塑造我们宇宙的看不见的力量以具体形态。这次难得的合作让我们得以将两种创作冲动交融，将索恩最复杂、最前沿的一些科学概念转化为兼具优雅与恢弘的视觉体验。"

谈到创作过程，索恩回忆道："当我们开始这次创作时，我正在为莉娅的画作撰写文字。但后来我顿悟——如果我把大段的文字转化为诗歌，也许可以更有力地与莉娅的画作融为一体，也能更清晰地表达宇宙卷曲的一侧。于是我开始尝试创作诗歌。"

莉娅回应道："当索恩选择将他的文字转化为诗歌时，我备受启发，也以同样的做法处理视觉作品——寻找一种将复杂转化为清晰的方式，创造出与他的文字相呼应、兼具优雅与情感的画作。尽管最终的画作以单色调为主且看似简约，但每幅作品都经历了深度迭代的过程。我们通常从粗糙的铅笔草图开始，通过多次反馈与交流，对水墨绘画创作进行反复打磨。有时甚至需要经过 8 ～ 12 个版本的打磨，才能得到一幅既精确又富有感染力的画作。我们追求的是蕴含深度的简约，既能传达宇宙的奇妙，又尊重科学的精妙。每幅画作都是科学想象与视觉诠释动态融合的结晶，不仅需要传达思想的复杂性，更希望呈现被画作激发的敬畏与惊叹。"

早在 2010 年，我们就开始了合作，当时索恩正与史蒂文·斯皮尔伯格和克里斯托弗·诺兰合作电影《星际穿越》。《星际穿越》的背景与本书的背景基本相同，都讲述了我们宇宙卷曲的一侧——黑洞、虫洞、时间旅行，以及我们宇宙可能身处其中并被卷曲的高维空间。然而，在这本书中，我们向读者呈现了一个比《星际穿越》中所描绘的更为丰富的宇宙卷曲现象。更重要的是，我们描述了碰撞、旋转的黑洞，它们会引发空间形状和时间流逝速度的剧烈变化，形成时空风暴，进而产生名为“引力波”的空间涟漪。这些引力波穿越宇宙，携带着时空风暴的图像，传送到地球上的激光干涉引力波天文台（LIGO）。

索恩在 LIGO 项目和与引力波相关的计算机模拟研究中发挥了重要作用，这些研究加深了我们对时空风暴的理解。然而，当我们刚开始创作这本书时，LIGO 尚未观测到引力波，计算机模拟也尚未成熟到足以揭示时空风暴的细节。所有这些突破，包括《星际穿越》在全球的上映，都发生在我们创作这本书的过程中。

因此，在这本书中，你将领略到远超《星际穿越》所涵盖的令人惊叹的科学发现。许多发现此前从未向非专业读者详细阐述，即使有所提及，也未曾以如此丰富而美丽的方式呈现，正如你将在我们的画作和诗歌中所体验到的那样。

我们所处的宇宙雄浑壮美、令人敬畏。我们希望你借由这本书，能够像我们一样，从情感和理智的双重维度，领略这种震撼、复杂与壮美。愿你享受这段旅程，祝你阅读愉快！

Kip Thorne

Lia Halloran

VI
—
VII

THE WARPED SIDE OF OUR UNIVERSE

前 言

宇宙的奇迹与荒野

本书通过诗歌和绘画，展现了宇宙中一个原始且不为人所熟悉的侧面：由卷曲时空所构成的物体和现象。这个侧面就是我们宇宙的“卷曲侧”。

有点神奇的是，本书起源于一篇《花花公子》杂志委托的文章。那是在《花花公子》试图通过高品质文学和艺术作品来区别于其他男士杂志的时代。2010 年 8 月，《花花公子》的文字编辑埃米·格蕾丝·劳埃德（Amy Grace Loyd）邀请索恩为《花花公子》撰写一篇文章，她此前曾是索恩《黑洞与时间卷曲》（*Black Holes and Time Warps*）一书的编辑。索恩提议这篇文章以“宇宙的卷曲侧”为主题，配以莉娅·哈洛伦的艺术作品。在欣赏了莉娅的一些画作后，劳埃德和美术编辑热情地同意了。次年 7 月，我们提交了一份 6 000 字的手稿（散文，非诗歌）和 9 幅画作，其中也包括一些莉娅的家人费利西娅的画作。

劳埃德在向《花花公子》的老板休·赫夫纳（Hugh Hefner）及其团队展示了文章和画作后，痛苦地写信给我们：“看来赫夫纳和我们的艺术总监认为莉娅的画作并不太合适……”莉娅笔下的人物形象没有达到赫夫纳为《花花公子》女郎所制定的“女性标准”。但我们并不渴求达到那种标准，而是坚持自己的立场：要么接受莉娅的画作，要么就把文章带到别处发表。《花花公子》坚决拒绝了我们，并给了我们一笔解约费。

我们很快就乐观起来，因为这是一个将我们的文章变得更加美丽和有影响力的绝佳机会。这本美好的书，体现了近年来关于黑洞和虫洞的奇异性、时间的奇特流动以及我们宇宙诞生（宇宙的卷曲侧）的激动人心的发现和猜测。为了使故事更加迷人，我们选择在书中的诗歌和绘画中加入一个太空旅行者：莉娅的家人费利西娅。

本书邀请读者进入我们宇宙卷曲侧的奇迹和荒野，体验亲密和美丽。

起初，这本书就像我们的短文一样，是散文和绘画的形式。每次见面，我们的对话和热情都激发出新的散文方向和绘画构思。对于莉娅，一个自由奔放的独立艺术家而言，这次合作是一种全新的挑战，与她之前所做的任何事都不同。索恩通过言语和草图将他关于看不见的宇宙的复杂想法传达给她，她将其转变成简单但优雅、往往令人惊叹的绘画，这些画作将读者带入另一个境界。

对索恩来说，这也是一个更加激进的挑战。当他看到书的初步结构时，莉娅的画作与他的散文并排，并被分成类似诗歌的段落，他顿悟了：这散文几近于诗。

因此，尽管他之前除写给妻子的几首情诗外从未有意识地写过诗，但他发誓要将他的散文改为诗歌，这极大地改变了本书的气质，使深奥的想法更容易被接受。

年轻时，索恩特别喜爱被称为“育空游吟诗人”的加拿大诗人罗伯特·瑟维斯（Robert Service）的诗作，尤其是《萨姆·麦吉的火葬》（*The Cremation of Sam McGee*）。瑟维斯的四拍 / 三拍韵律深深植入了索恩的大脑，并在半个世纪后几乎不费吹灰之力地作为我们书中诗歌的骨干浮现出来。不过，本书中的诗歌比瑟维斯那更为严格、传统的民谣灵活得多，索恩并不要求韵脚和节奏完美结合，因为他发现试图押韵会过于严格地限制他对卷曲侧景观的描绘，因此经过一番挣扎后他决定允许更多的韵律变化。

本书是我们彼此完全合作的结果：诗歌激发了绘画，绘画又激发了新的诗歌。我们开始绘画时手头有一些诗句，并讨论了要用视觉来呈现的对象和现象。之后，我们互相分享作为绘画灵感的参考照片和草图。然后莉娅完成了初步的画作，这些画作引发了索恩诗句的变化。索恩也会对画作发表评论，直到最终的画作形成。书中的每一幅画作，都有过 3 ～ 10 幅草图。我们乘坐私人飞机飞往华盛顿州汉福德的 LIGO，这样莉娅就可以从 LIGO 空中和内部为她的绘画拍摄参考照片。书中所有原创画作都是用墨水在绘图膜上绘制的，没有经过任何数字处理。

在我们花了 13 年时间完成本书的过程中，索恩和他的物理学领域的同事将关于卷曲侧的零散猜想转化为更丰富的理解。通过计算机模拟，他和他的学生以及同事预测，有奇怪的物理结构从黑洞中突出来，这些结构由卷曲的时空构成：扭曲空间的涡旋、拉伸和挤压的伸拽。他们在模拟中看到，在时空的卷曲中，当黑洞相撞时，会产生狂野的风暴；他们观察到风暴中搏斗的涡旋和伸拽相互拥抱并缠绕在一起，形成引力波。

在我们创作这本书的同时，由索恩、雷纳·韦斯（Rainer Weiss）和罗纳德·德雷弗（Ronald Drever）40 年前共同创立的有上千成员的 LIGO 项目，发现了那些从遥远的地方抵达地球的引力波：人类与我们宇宙的卷曲侧的第一次直接接触。通过这些引力波，LIGO 团队已经确认时空风暴是真实的，并且其行为正如模拟和莉娅的画作中所描绘的那样。

本书已经演变成一个工具，200 多页篇幅和上百幅画作描述了过去 10 年里这些了不起的新发现，以及许多其他关于卷曲侧的发现和猜想。莉娅的画作在视觉上唤起了它们的本质，索恩的诗歌则在诗意上唤起了它们的本质。画作和诗句交织在一起，相得益彰、相互加强。

通过本书，我们邀请您——读者，与我们一起体验宇宙中令人惊叹和美丽的卷曲侧。

目录

THE WARPED SIDE OF OUR UNIVERSE

序　幕

我们的宇宙千变万化，浩瀚无垠

我们的宇宙千变万化，浩瀚无垠——
星系、行星、恒星和卫星
类星体、脉冲星、磁陀星
都由原子和分子铸就[1]
就像你和我
以及所听、所触、所看的一切。

我们的宇宙还拥有
一个神奇而幽暗的侧面——卷曲侧
那是由卷曲时空所锻造的。

请见证那庞大而贪婪的黑洞
正如莉娅所描绘
吞噬着她所爱的人
费利西娅。

① 原文如此。但一般认为类星体是正在大量吸积物质的黑洞，脉冲星和磁陀星是中子星，并不由原子和分子组成。——译者注

/ 宇宙的卷曲侧虽缠绕在
充满物质的宇宙经纬之中——
恒星、行星、彗星，星云、星系
但我们人类却未曾看到过它
直到最近。

为什么我们之前视而未见?
因为卷曲时空本身并不发光
也不发出其他
用之前技术所能感知的信号。

那么，为什么现在发生了变化?

/ 很久很久以前
在十亿年前的过去
那时的地球
出现了多细胞生命
并在全球蔓延。

而在一个遥远的星系中
两个旋转的黑洞互相绕着舞蹈
在时空的织物上留下涟漪。

这些涟漪——
我们称之为引力波
从黑洞轨道中提取了能量。
于是两个黑洞向内旋进
彼此掩蚀，直至激烈碰撞。

两个黑洞以光速的一半
剧烈地相撞并融合
引发了短暂而剧烈
翻滚而扭曲的时空风暴
将引力波推向高潮。

这场剧烈碰撞产生的引力波高潮
从它们诞生的星系中喷涌而出
进入星际空间。

在宇宙中散播
历经近十亿年
所遇之物——恒星、行星和星云……
都被拉伸、挤压
形成了它们诞生的画面
相撞的黑洞和时空风暴。

然后，五万年前
当地球上的现代人类还在与尼安德特人共存
这些散播开来、减弱了的引力波
才飘进了张开旋臂的银河系
我们的星系
我们的家。

/ 2015年9月14日
从靠近南极半岛的尖端处
引力波冲入地球
向上飞翔[1]
透过空气、海洋、岩石……

它们悄悄地穿过地球腹地，毫发无伤
然后在新奥尔良以北出现
终于与一个为感知它们
而发明、设计和建造的
复杂而巨大的
L形装置[2]相遇了。

① 原文如此。这一引力波在南半球进入地球，然后在北半球钻出地球。作者所谓向上飞翔，可能是指在普通的地图或地球仪上，北半球位于上方，南半球位于下方。——译者注

② 激光引力波干涉仪由相互垂直的两臂（内部抽成真空的长管道）构成，形状类似英文字母L。——译者注

激光干涉引力波天文台（LIGO）

/ 当引力波流过 LIGO
以极微小的尺度拉伸、压缩
两束很长的反射光
提取出这波纹所编码的画面——
相撞的黑洞和时空风暴。

LIGO 中的这一微小震动
对全人类来说意义非凡
这是我们与
宇宙的卷曲侧
第一次接触。

/ 我们宇宙的卷曲侧
是许多怪兽的家——
在那些卷曲的时空中
被锻造出来的怪兽。

这些怪兽可能包括
黑洞和虫洞
时间机器和宇宙弦
引力波和奇点
宇宙的大爆炸诞生
以及许多其他怪兽
奇妙、怪异、狂野。

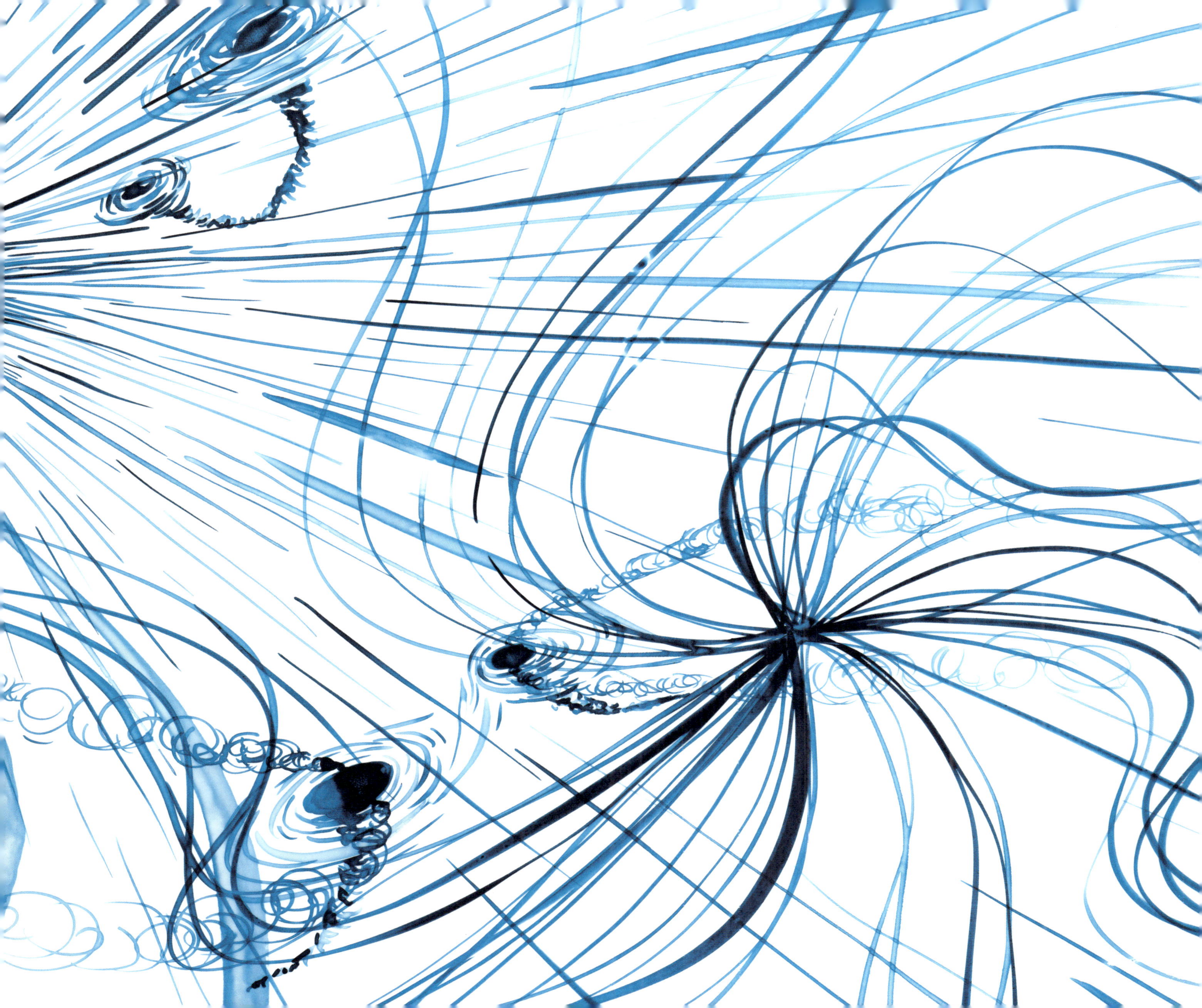

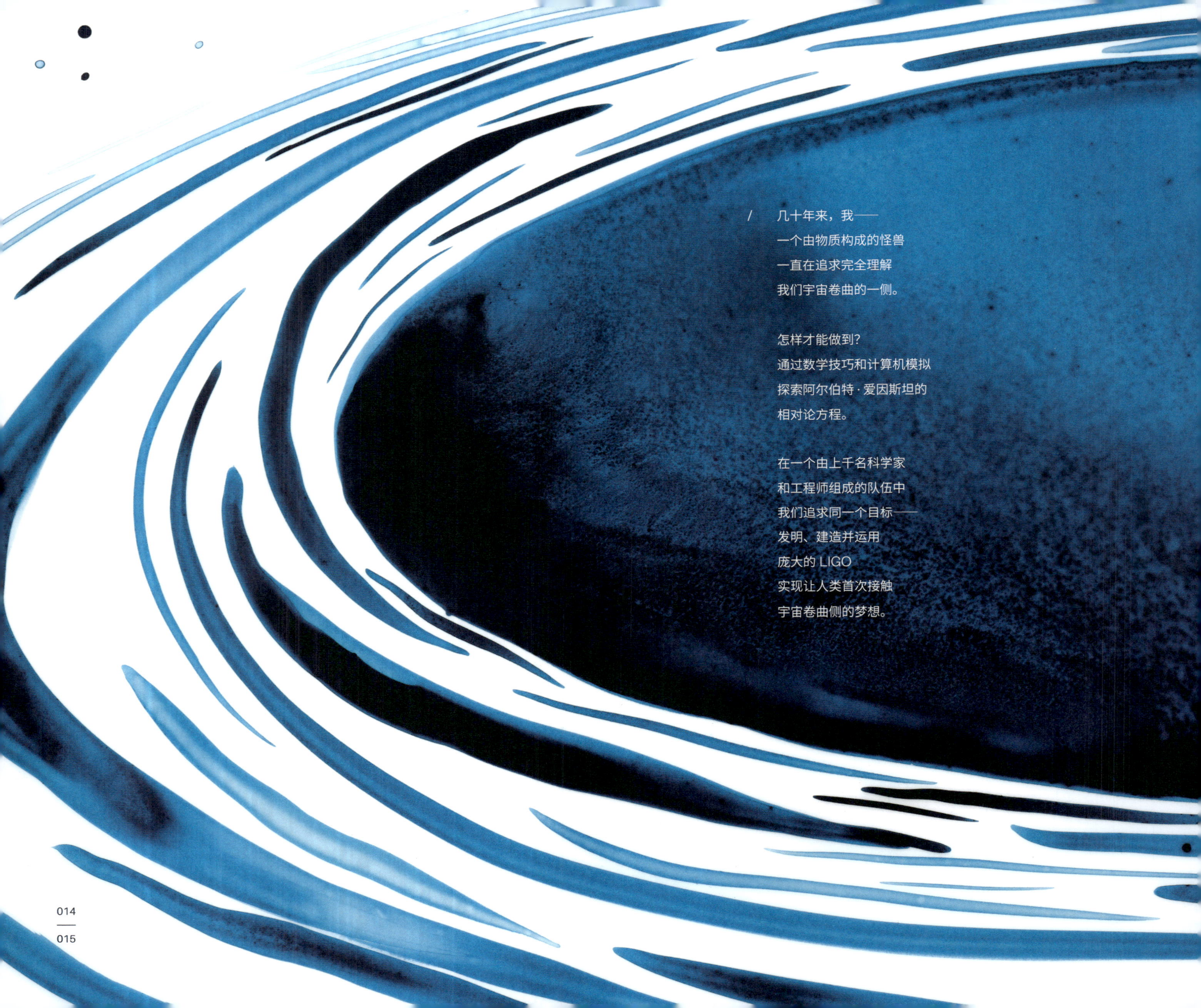

/ 几十年来，我——
一个由物质构成的怪兽
一直在追求完全理解
我们宇宙卷曲的一侧。

怎样才能做到？
通过数学技巧和计算机模拟
探索阿尔伯特·爱因斯坦的
相对论方程。

在一个由上千名科学家
和工程师组成的队伍中
我们追求同一个目标——
发明、建造并运用
庞大的 LIGO
实现让人类首次接触
宇宙卷曲侧的梦想。

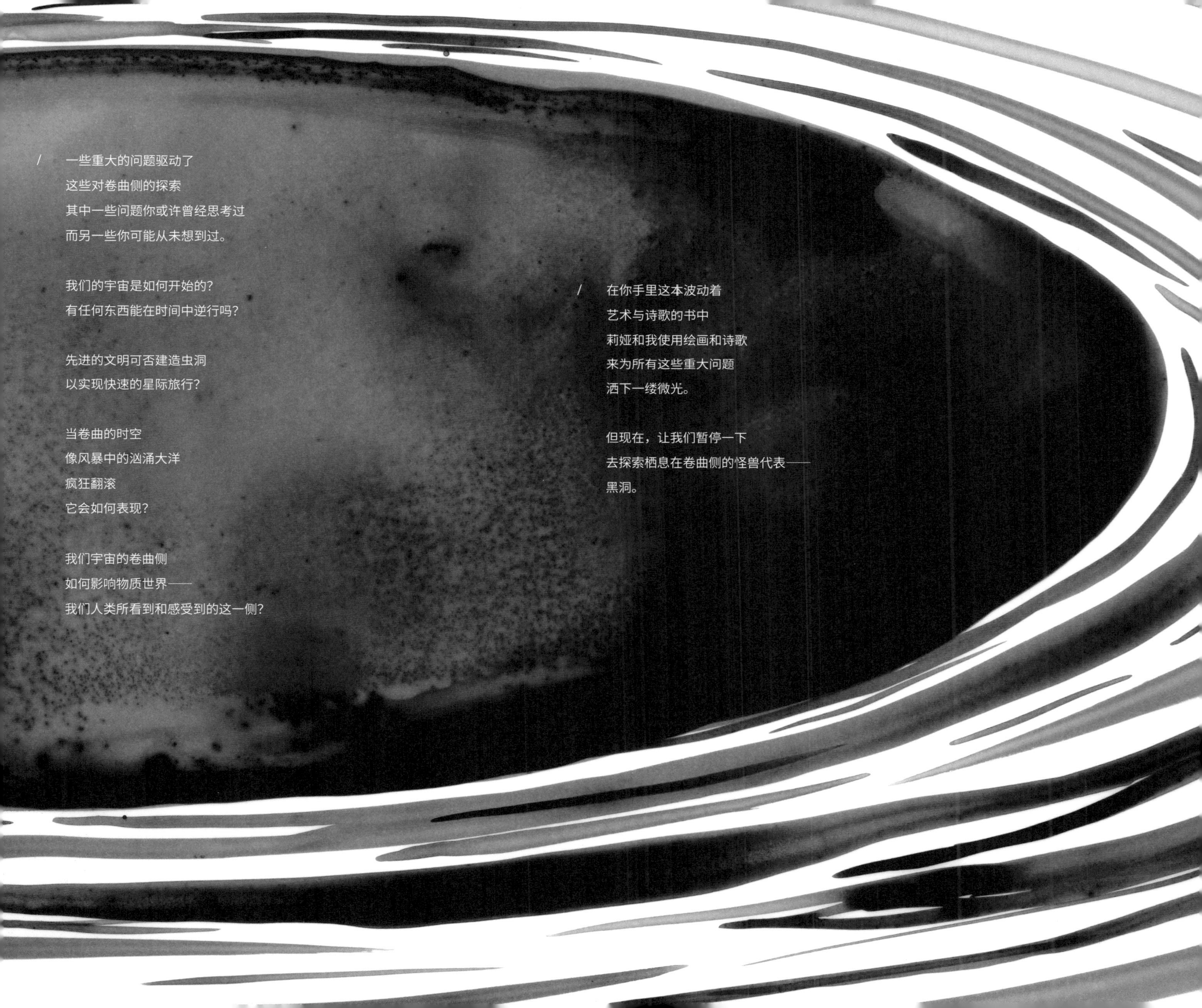

/ 一些重大的问题驱动了
这些对卷曲侧的探索
其中一些问题你或许曾经思考过
而另一些你可能从未想到过。

我们的宇宙是如何开始的？
有任何东西能在时间中逆行吗？

先进的文明可否建造虫洞
以实现快速的星际旅行？

当卷曲的时空
像风暴中的汹涌大洋
疯狂翻滚
它会如何表现？

我们宇宙的卷曲侧
如何影响物质世界——
我们人类所看到和感受到的这一侧？

/ 在你手里这本波动着
艺术与诗歌的书中
莉娅和我使用绘画和诗歌
来为所有这些重大问题
洒下一缕微光。

但现在，让我们暂停一下
去探索栖息在卷曲侧的怪兽代表——
黑洞。

THE WARPED SIDE OF OUR UNIVERSE

01

黑　洞

怪异的黑洞

/ 20 世纪 20 至 30 年代
当黑洞首次从相对论方程中浮现时
爱因斯坦并不相信
因为它们实在太过诡异！

但现在我们知道，爱因斯坦错了
在我们宇宙的星系中
黑洞数以万亿计
其中数百万个就在我们的星系中栖息
我们的家，我们的银河系。

所有的黑洞
都隐藏在视野之外
它们不发射任何光
尽管如此
它们通过引力
牵引 恒星行星、气体和星系。

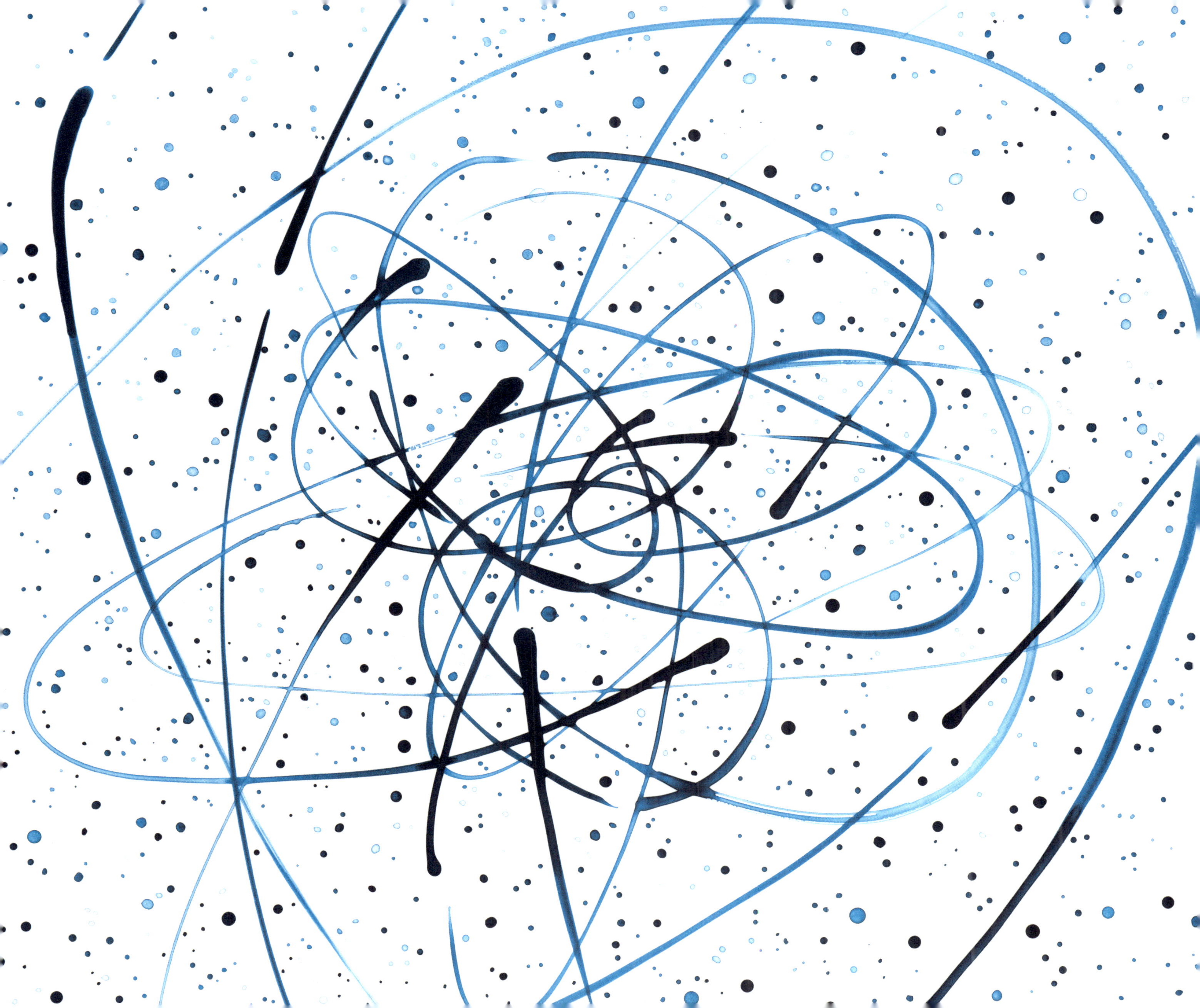

由卷曲的空间构成的黑洞

你或许会问，什么是卷曲的空间？

它就是我们所生活的整个宇宙中的所有空间
所有我们活动的空间
有着三个熟悉的维度
东西、南北、上下。

你或许会问，空间是如何卷曲的？

穿过黑洞测量的距离非常大
而环绕黑洞测量的距离则小得多
如果空间是平坦的，那就不可能发生
然而这就是空间卷曲的方式
如相对论的数学所言[①]。

我们整个宇宙的空间可能在一个
更大、更高维度的空间中卷曲
四维、五维、十维或更多——
人类永远无法看到的维度
物理学家称之为宇宙体[②]。

① 从外部周长看并不大的黑洞，由于内部空间高度卷曲，实际内部的空间很大。——译者注

② 在三维空间中，一个物体的表面是二维的，可以称之为“膜”，被表面所包围的内部则称为“体”。这里假定宇宙的空间维度多于三维，把我们所能感受的三维空间称为“膜”，而把被三维膜所包围的更高维度部分称为“体”。为了便于与一般的“体”相区别，下文译为“宇宙体”。——译者注

/ 在莉娅耀目的绘画中
这种卷曲将如何展现？

我们假设宇宙空间只有二维
而不是三维
莉娅将空间描绘为一张被拉伸的橡皮膜
物理学术语称之为“膜”
位于高维空间并且卷曲。

我们假设高维空间只有三维
因为这是我们所能做到的最好程度。

从宇宙体生物的角度来看①
我们的膜在靠近黑洞的地方卷曲下去
就像一个漏斗
使得沿着膜穿越黑洞的距离变得巨大
沿着膜内部测量的距离，就像沿着漏斗表面测量的距离——
向内，然后向下
再向上，最后向外。

就像我们人类能看到的一切
费利西娅和我们一样生活在膜内。
宇宙体生物会看到
重力将她沿着膜的表面拖拽
进入漏斗，向其底端坠落
通往一个险恶而致命的尖端
而那里就是黑洞的奇点。

---

① 本书中所谓的“宇宙体生物的角度”，就是指从高维空间看。——译者注

/ 我们也居住在那个膜内
远离黑洞，那里的膜很平
我们可以通过沿着膜传播的光线看到费利西娅
这些光在膜内游走
并不经过超出膜外的宇宙体。

但这些来自费利西娅的光线
要抵达我们的眼睛
就必须避开漏斗
那里的重力如此强大
一旦落入将再也无法爬出。

正如我们在膜内的人所见
这个漏斗有一个口
一个没有光线可以逃脱的口
一个我们永远看不到里面是什么的口。

当饥饿的黑洞吞噬可怜的费利西娅时
其光线贪婪地凝视
我们看到她的腿消失在
漏斗张开的黑暗巨口中
一个圆形的口
那其实是一个球体
因为膜实际上是三维的。

所以我们看到
费利西娅的腿消失在
一个张开的、黑色的、球形的洞中。

/ 携带着费利西娅形象的光线
被黑洞的引力和卷曲的时空拉扯。

一束光线沿着膜径飞出
携带着巨大的费利西娅形象
另一束光线则急转绕过洞口
携带着小得多的形象
并因光线的弯曲而扭曲。

因此，我们感知到两个运动着的费利西娅
都被黑洞无情地吞噬。

但如果更仔细地凝视
还能看到第三、第四、第五个
甚至更多、更小的形象
都是惊恐的、可怜的费利西娅。

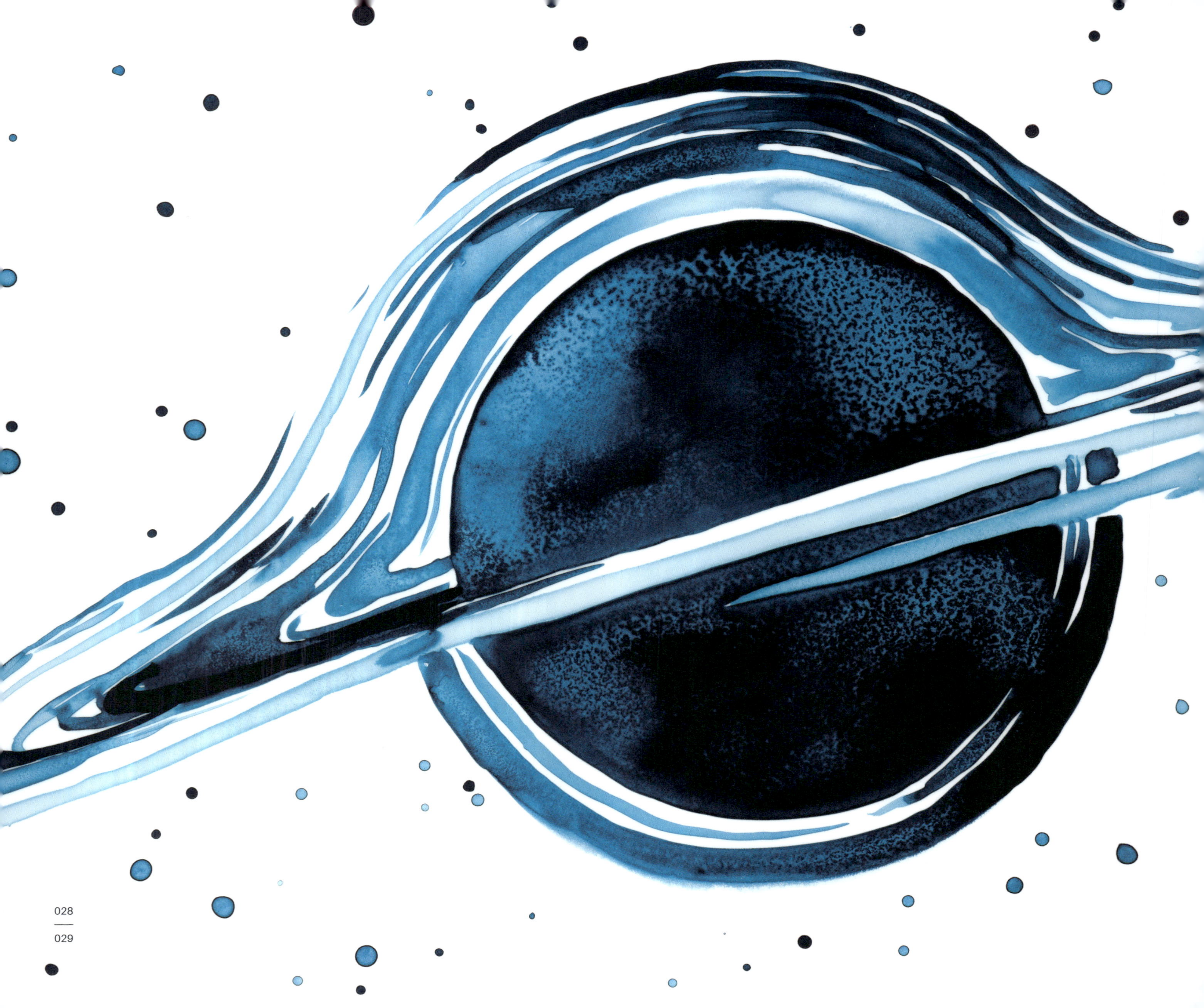

比起可怜的费利西娅
更可能在黑洞附近旋转的
是一圈炽热的气体
这个气体盘将产生一个标志性的图像
由那些卷曲的绕过洞的光线携带
因克里斯托弗·诺兰的著名电影《星际穿越》
而名闻天下。

爱因斯坦的时间卷曲定律

/ 爱因斯坦的时间卷曲定律断言
物体喜欢生活在时间流逝最慢的地方
是重力将它们拉向那里
时间流逝得越慢
重力就会越强。

在地球上，我们的时间流逝
比行星际空间要慢
每一百年仅慢一秒。

多么微小的时间放缓！
但根据爱因斯坦的时间卷曲定律
足以产生引力——
十米每秒的重力加速度
将我们束缚在地球上。

黑洞由卷曲的时间塑造

/ 黑洞洞口附近的重力
强大得难以置信
它必然源于时间的巨大变缓。

如果费利西娅在洞口附近徘徊一小时
当她安全回家时将会发现
地球上已经过去了一百万年。
莉娅、你和我都早已逝去
地球也已发生了难以想象的变化。

在黑洞洞口的边缘
时间减缓到几乎停止
所以那里的重力无限强大
没有任何东西能够逃脱它的控制
无论是光、火箭还是粒子。

任何被吸入黑洞洞口的事物
都将从我们的宇宙永远消失。
所以黑洞洞口
是一个不可见的视界
我们永远无法窥视其中
除非我们也跳过洞口
但返回也就不再可能。

/ 那么黑洞视界内的时间呢？
黑洞洞口的时间呢？
有什么可以比完全停止的时间更慢？

在黑洞视界之下
时间向下倾泻
朝向黑洞的核心
一个狂野、混沌的奇点。

一个暴风雨般的奇点
在那里
空间和时间被疯狂地卷曲。

一个混沌的奇点
其中的伸拽和涡旋[1]
不规则地拉伸、挤压和旋转。

一个致命的奇点
摧毁所有跌入其中的一切
甚至包括空间和时间。

当费利西娅坠落
跌入视界
要想逃脱，她必须向上游
奋力抵抗那不可阻挡的向下倾泻的时间
她必须在时间中逆行
这是她逃脱的唯一希望。

但是爱因斯坦的定律禁止了这样的逆行
所以费利西娅被向前流动的时间裹挟
并被拖向悲剧性的终点
在狂野、混沌的奇点中——
如果黑洞尚且年轻。

但如果黑洞已经老去？
她是否可以幸存？
让我们姑且放下问题
留给时间解答。

① 根据作者在后记中的说明，广义相对论中引力场的作用可以分解为拉伸/挤压和旋转，作者引入的术语将前者称为 tendex，这里译为伸拽，后者则称为涡旋（vortex）。——译者注

黑洞由快速卷曲的时空涡旋塑造

/ 就像地球围绕着它的极点旋转
黑洞也在旋转
黑洞的旋转使周围的空间
像龙卷风中的空气一样旋转。

正如旋转的空气
拖拽龙卷风能捕捉到的一切
猫、牛、汽车、时钟。

同样，黑洞的涡旋
也将附近的一切拖入
在洞周围形成涡旋
在洞口附近急转
在远处则缓慢而悠然。

当费利西娅惊恐万分
头上脚下地跌入黑洞北极的旋转中
她的脚比头更靠近洞口
因此被更强烈地拖拽
她美丽的身体被扭曲了。

她的眼睛看到自己的脚在顺时针转动
而在她的脚看来却是头在顺时针转动[1]
所以在黑洞的北极附近
形成了一个顺时针环绕的卷曲空间涡旋
与洞口的视界相连。

另一边，南极附近
一个逆时针的旋转涡旋
由快速卷曲的空间构成
与洞口的视界相连
卷曲着穿越的一切。

① 原文如此，似有错误，应该是眼看到脚在逆时针转动，脚看到眼在顺时针转动。另外，下文中描述黑洞北极附近时空顺时针转动，南极附近逆时针转动，这似乎也是反的。——译者注

黑洞由拉伸和挤压空间的纤维及混沌的奇点组成

/ 当惊慌失措的费利西娅
头朝下落入一个旋转的黑洞中
接近混沌的奇点
她被一根拉伸空间的纤维紧紧缠绕
将她从头到脚拉成一根线
并被另一根纤维前后挤压
又被第三根纤维从两侧挤压
被拉成了意大利细面条。

然后——
一直在拉伸的纤维开始挤压
从头到脚地压缩她
侧面挤压的纤维则开始拉伸
把她的两只手臂拉开——
头脚挤压
侧面拉伸
前后挤压
然后又突然切换——
一次又一次
在一次又一次狂野混乱的连续中
切换得越来越快
拉伸和挤压越来越强烈
混乱也愈发剧烈。

这些疯狂切换的纤维把费利西娅狂暴地撕裂
甚至把组成她的原子也都撕裂——
如果这黑洞还年轻，情境就会如此。

/ 接下来会发生什么呢?

已经支离破碎的原子
冲入奇点的核心
这核心还是一个谜
由量子引力的法则控制
这新奇的法则来自
量子力学的涨落
与狂乱卷曲时空的炽热结合。

我们物理学家
努力学习这些新法则
希望有一天能够掌握它们
我们推测这些新法则
可能是类似于
弦理论的构想。

由于量子引力理论
尚在襁褓之中
它尚未能揭示
奇点的核心本质。

但它终将会被揭示
对此，我充满信心。

黑洞埋藏着三个奇点

/ 在一个旋转的黑洞内部
当向下倾泻的时间
牢牢抓住了惊恐的费利西娅
并无情地将她拖向奇点
她是否真的注定灭亡？

也许，并非如此。

如果黑洞存在的时间已经超过了一天
那么潜藏在其核心内的
不仅仅是一个奇点
而是三个！
其中一个是混沌的
无情地撕裂着奇点
而另外两个则更为温和。

这些温和的奇点又是从何而来？

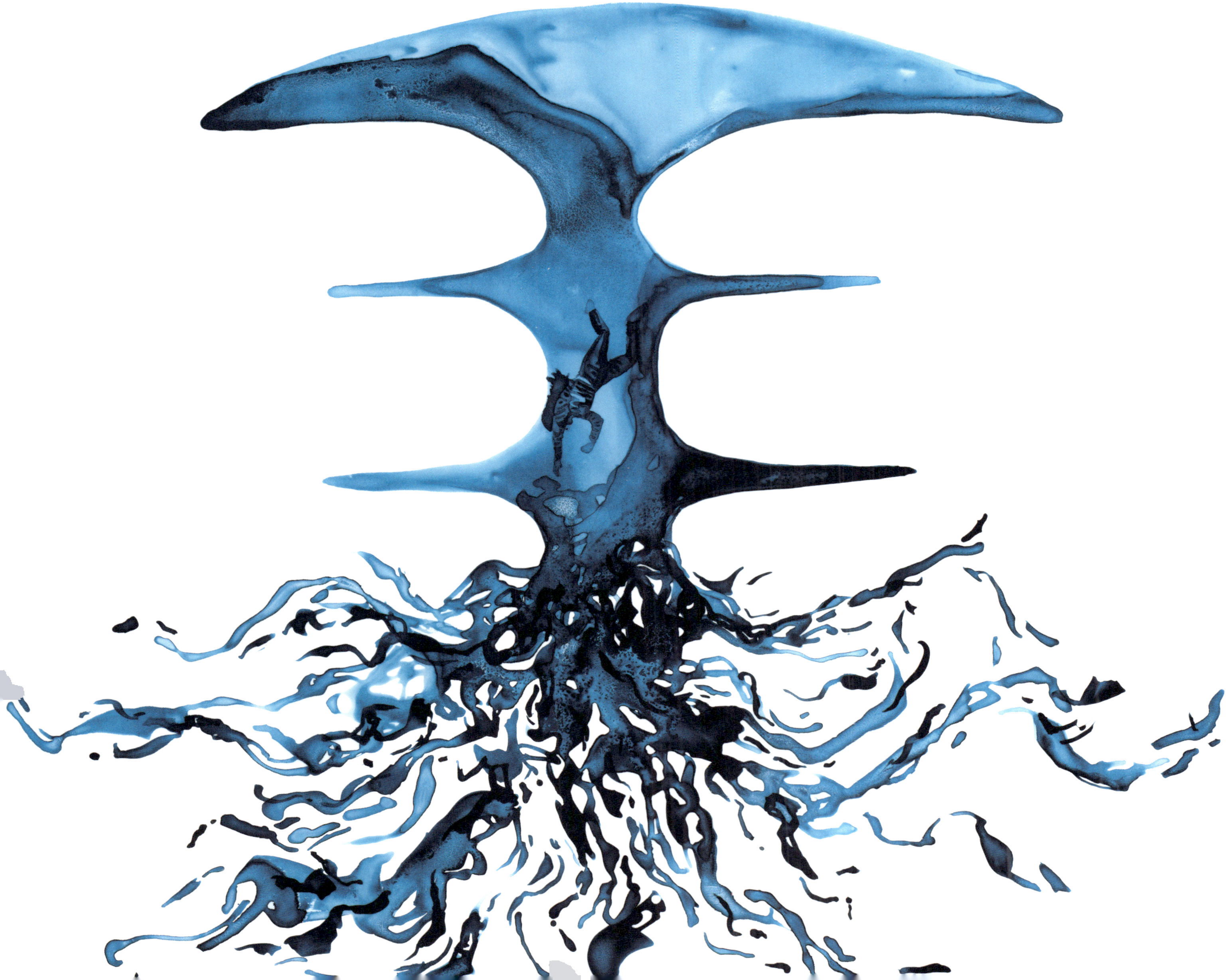

/ 在黑洞内
向下倾泻的时间流逝几乎静止。

所有跟随惊恐的费利西娅坠入洞内的东西
经过几千、几万、几亿年的时间穿过视界
而在惊恐的费利西娅眼中
却只是一刹那。

正如费利西娅所感知的
这些都被压缩成了一张薄片
如此之薄
以至形成了一个奇点——
一个向下坠落的奇点。

而所有在费利西娅之前坠入洞中的东西
一小部分被弹回
同样被压缩为薄片
形成了一个向上飞行的奇点。

这两个奇点
一个向下坠落
一个向上飞行
看起来却很温和
或许这温和只是欺骗性的
只要费利西娅不会撞上
那个狂野、混沌的奇点
她就可能会幸存
虽然可能性不大，但也有这种可能。

她的命运很可能受到量子引力法则的控制
这些法则神秘莫测
我们至今依然知之甚少。

什么是黑洞

/ 什么是费利西娅？她是
她所有部分的总和
她的脸颊、她的秀发
她的双臂、她的胸部
她的手脚、她的心脏，她的大脑
她宝贵的个性。

什么是黑洞？它也是
它所有部分的总和
它卷曲的空间
一个宇宙体生命所看到的漏斗
它旋转的空间涡旋
它拉伸和挤压的纤维
它减缓的时间和向下倾泻的时间
它的视界和它的奇点
全部由卷曲的时空制成。

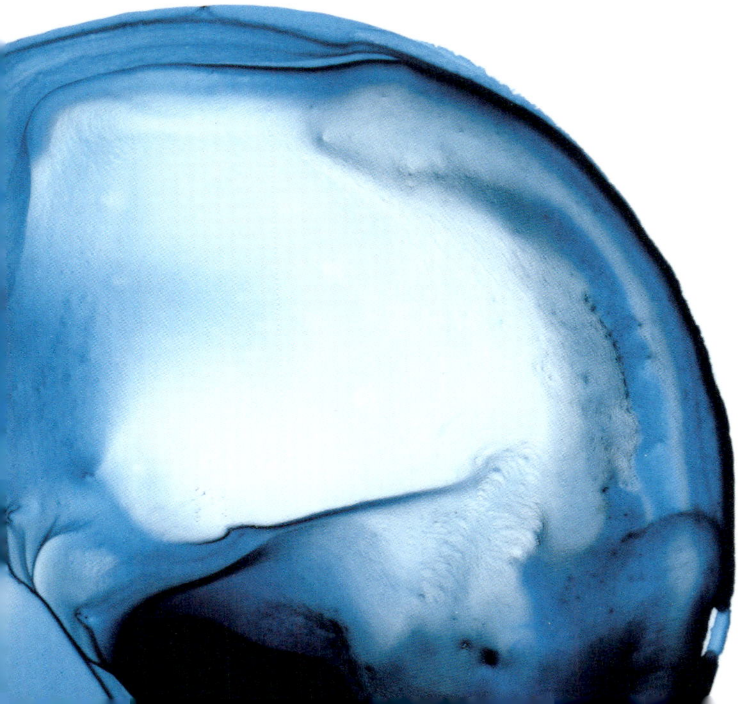

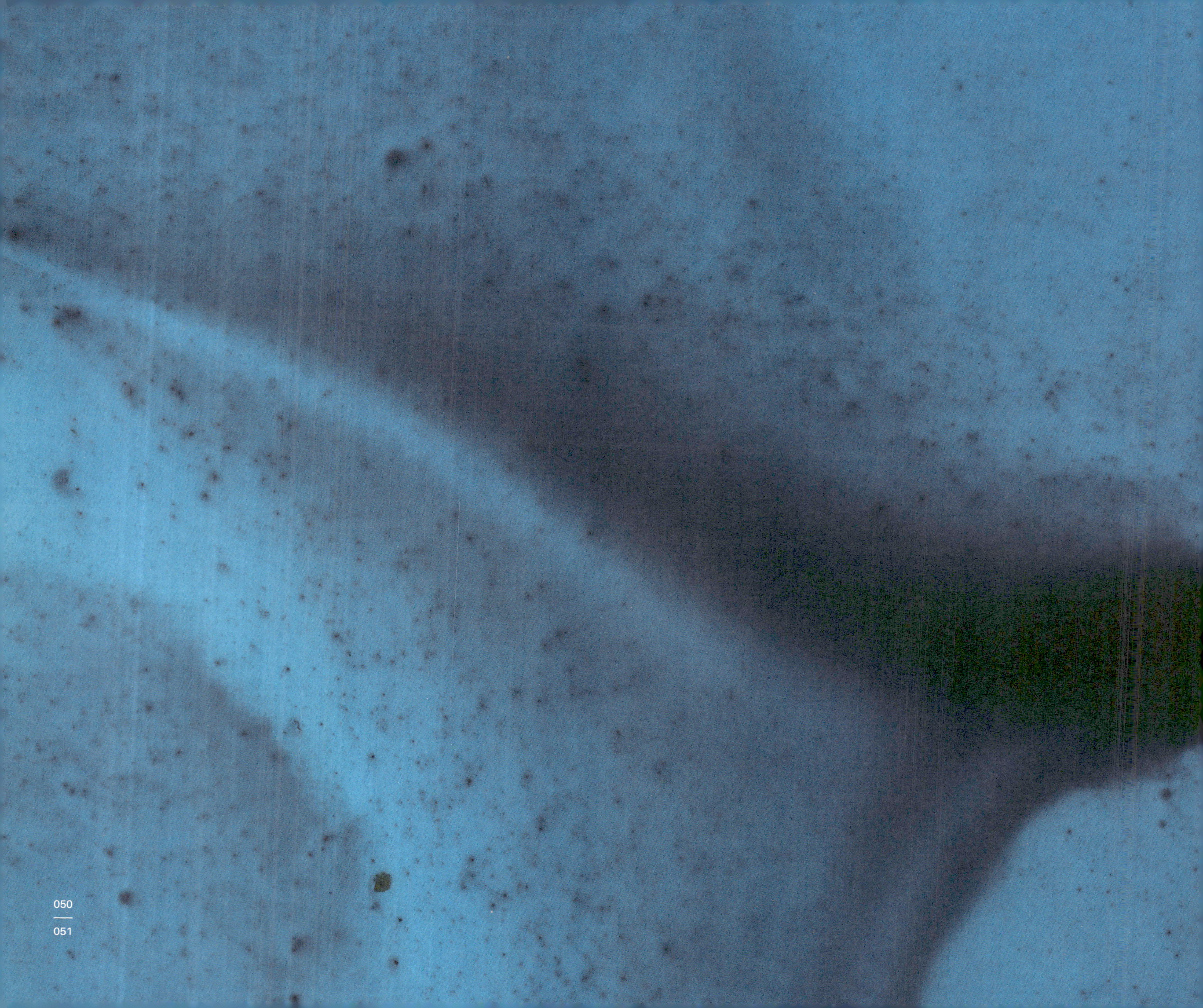

THE WARPED SIDE OF OUR UNIVERSE

02

虫洞与时间机器

极端思想实验

/ 1985 年，卡尔·萨根的一通电话
深刻地影响了我
让我重新思考
该如何探究空间和时间的本质。

在萨根的一部名为
《接触》（*Contact*）的小说中
他试图让女主角穿越黑洞
从地球抵达遥远的织女星。

“我的故事有问题吗？”他问我
“确实有！”我回答道
“你的女主角无法在旅途中生存下来，
她将在黑洞内丧命。但是……
有一个不同的东西可以使用
一个将织女星与地球连接起来的虫洞。”

当时，我们这些研究卷曲时空的专家
还完全不确定关于虫洞诞生
和死亡的物理定律都是什么。

因此，萨根将他的小说重新打磨
用虫洞取代黑洞
我也开始用一个怪异和极端的问题
挑战自己。

物理定律是否允许
无限先进的外星文明
创造并维护一个虫洞
用于星际旅行？

一年后，我问了自己一个
更加疯狂的极端问题

一个无限先进的外星文明是否能够
将虫洞转变为时间机器
从而实现逆时间旅行？

几年后，当我变得更加睿智
我问了自己第三个怪异和极端的问题

时间机器是否总会在启动时自我毁灭？

我们物理学家用实验
来回答深刻的问题
但在这里，这是不可能的。

要回答这些极端的问题
需要远超人类所能创造的技术。

因此，对于这些问题
我们必须从控制宇宙中
一切物理定律的数学中寻找答案
即物理学的终极定律。

由于答案必须来自思想的力量
我们将其称为思想实验
或极端思想实验
既然它如此极端。

萨根的电话给了我一个惊人的顿悟
如果知道相关的物理定律
那么从极端思想实验中
我们就可以了解空间和时间行为
在极度卷曲下的最深刻的真相。

即便还不了解这些定律
但极端思想实验仍然有希望
为我们带来
关于这些我们只有模糊理解的
物理定律的重要新见解。

这就是为什么莉娅和我
将这一章
献给极端思想实验
以及我们从中了解到的
空间和时间
在被极端卷曲时的表现。

蚂蚁，虫洞和水晶球

/ 想象你是一只微小的蚂蚁
被蚂蚁群体的法则所限制
你生活在一个苹果的表皮上
那苹果皮就是你的整个宇宙
你永远无法逃脱的一个膜。

横跨宇宙的距离——
从苹果底部到苹果顶部
在你看来
是如此遥远和可怕。

再想象一个
被蠕虫啃咬产生的虫洞
突然出现
穿过了苹果的核心。

现在你可以选择从苹果底部到苹果顶部的路线
沿着苹果皮绕行的长路
或者穿过苹果内部的虫洞
走一条更短的捷径。

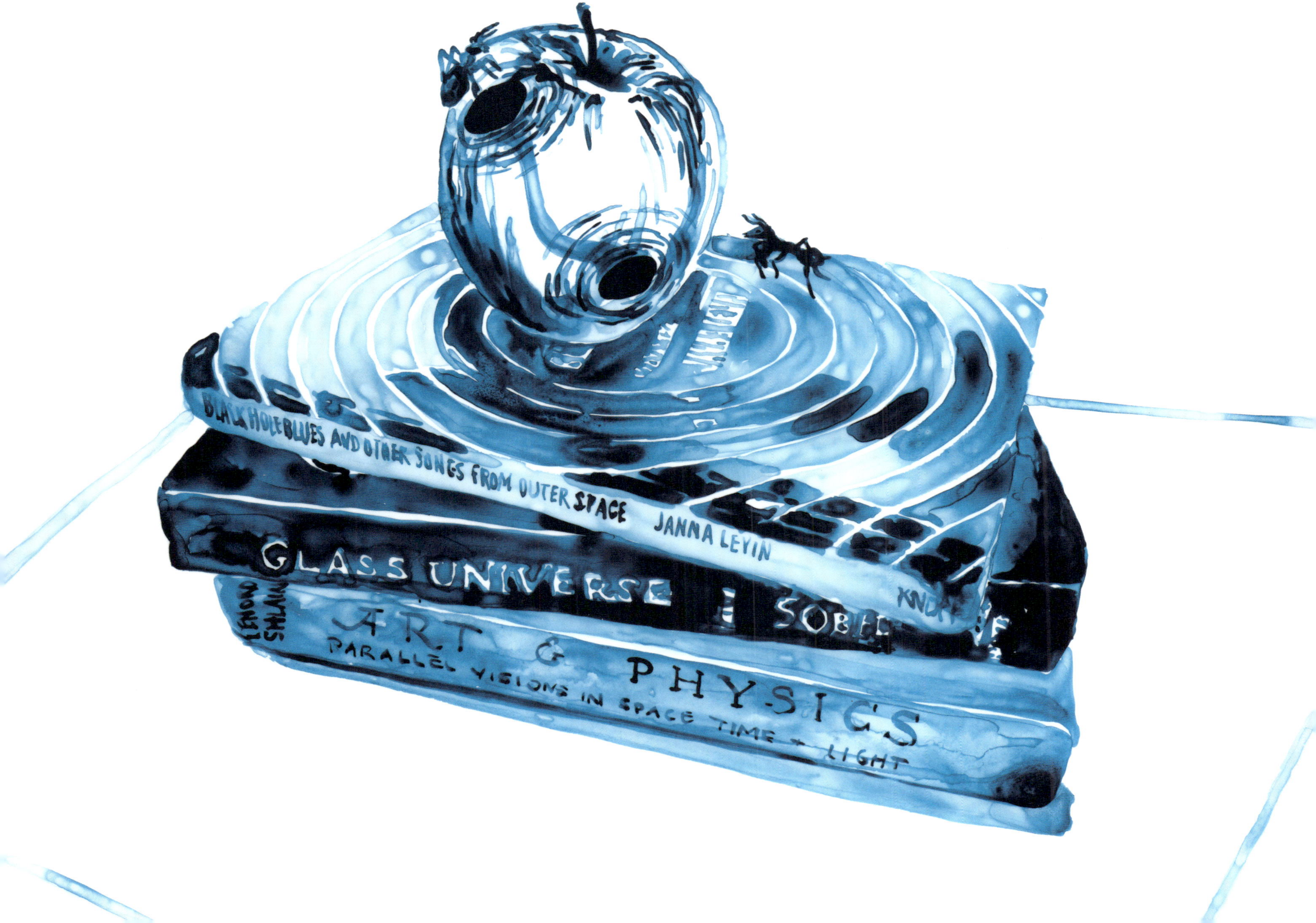
BLACK HOLE BLUES AND OTHER SONGS FROM OUTER SPACE
JANNA LEVIN
GLASS UNIVERSE
ART & PHYSICS
PARALLEL VISIONS IN SPACE TIME + LIGHT

/ 再想象我们的宇宙，我们的膜
在更高维的宇宙体中卷曲
我们银河系的中心就在地球附近
仅仅几千千米的距离——
横跨宇宙体的几千千米。

你、我和广袤宇宙中所有的东西
都永远被困在我们所处的膜内
永远无法逃脱。

我们不能穿越宇宙体
除非一个附属物从我们的膜上突出
延伸穿过宇宙体。

这个附属物的表面
是我们膜的一部分
是通往银河系中心的快捷通道
是穿越宇宙体的虫洞。

在莉娅引人思索的绘画中
一个空间维度被压缩掉了
虫洞的入口看起来像一个圆。

当加上这缺失的维度时
圆就成为一个球——
虫洞奇妙的球形入口。

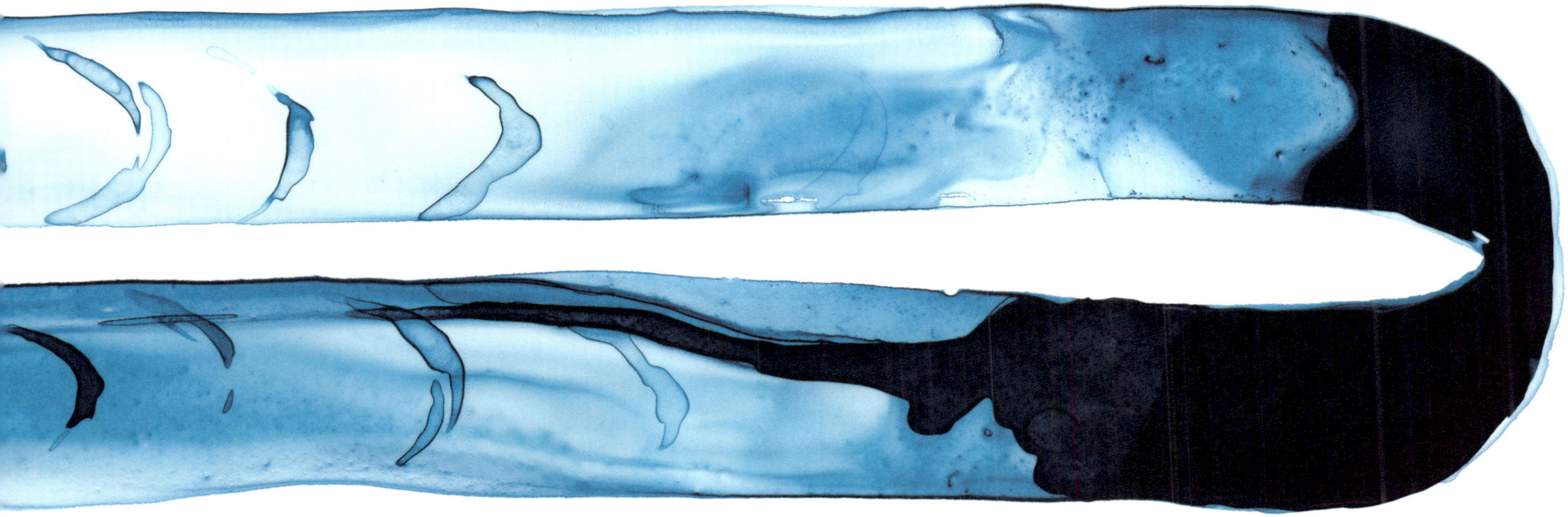

/ 来自银河系核心的光穿越虫洞
将银河系核心内的景象
传送到地球
恒星、尘埃、星云
以及一个巨大黑洞的阴影。

当我们向虫洞口内望去
就会看到这样的景象
如同嵌在一个水晶球内——
一个微型版本的银河系核心
恒星、尘埃、星云
以及闪烁的黑洞阴影
都镶嵌在水晶内。

这虫洞的入口
多像一个美丽的水晶球！

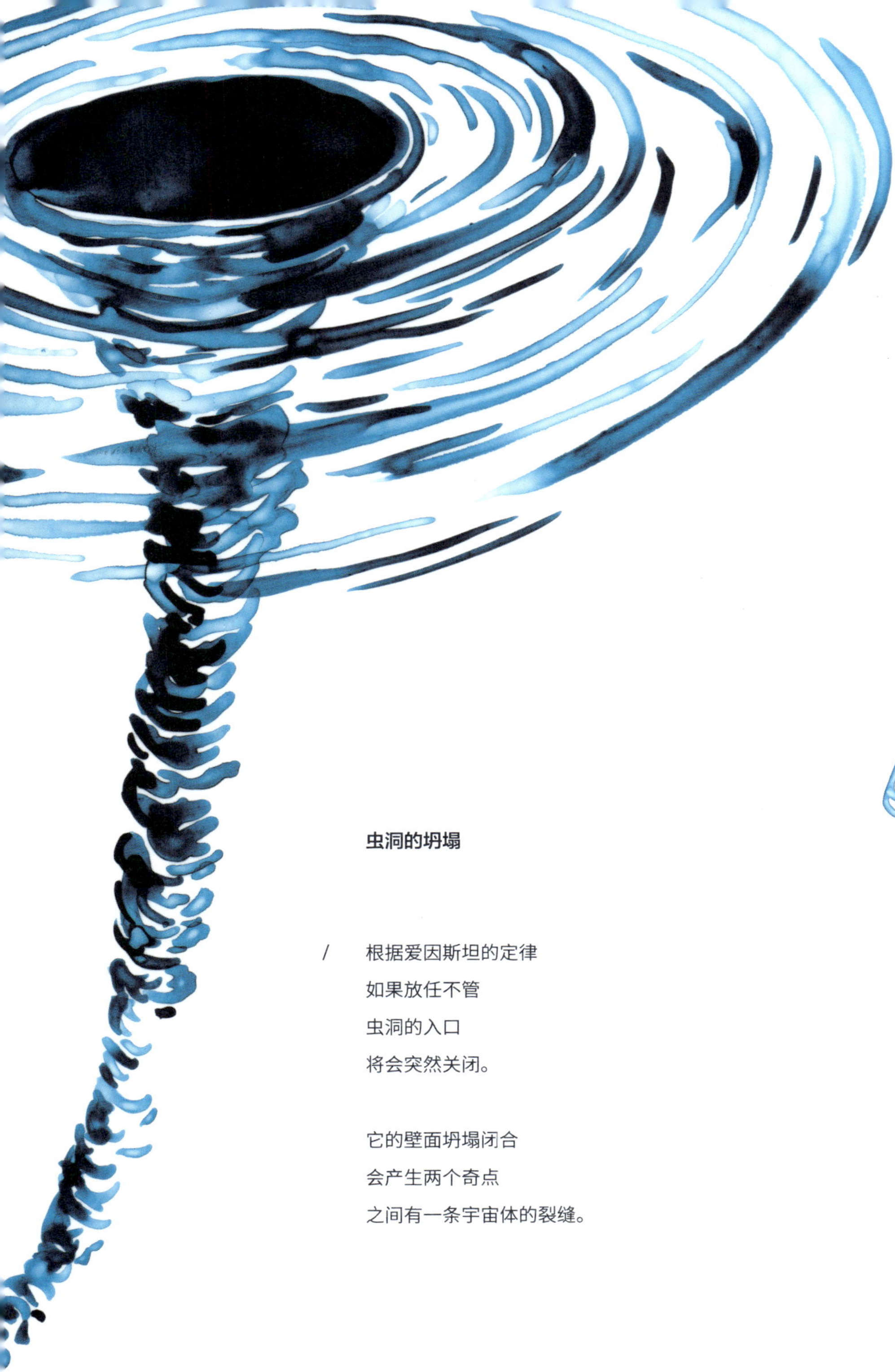

虫洞的坍塌

根据爱因斯坦的定律
如果放任不管
虫洞的入口
将会突然关闭。

它的壁面坍塌闭合
会产生两个奇点
之间有一条宇宙体的裂缝。

/ 要保持虫洞开放
必须有人在其咽喉中置入
排斥其墙壁的材料——
一种反引力的物质
将它们撑开。

根据爱因斯坦的引力定律
反引力意味着
这种物质奇怪地拥有小于零的质量
并且因为质量等同于能量
所以也拥有小于零的能量
正如爱因斯坦很久以前教导我们的那样。
负能量物质
在物理学术语中被称为异质物质。

异质物质真的存在吗?
令人惊讶的答案居然为“是”
量子物理学的定律如是说。

定律揭示的关键
是一些奇怪而狂野的东西——
真空涨落。

真空涨落

/ 想象一个空无一物的箱子
所有能被移除的东西
都已经被移除了
只剩下了真空。

这真空在暗中涌动
如量子物理定律所言
在无限小的涨落中
蕴藏着一切可能存在于箱内的东西——
电场和力
磁场和力
引力场和力
猫、汽车、牛、时钟
以微小的概率
短暂地闪现成真
又瞬间消逝。

令人惊讶的是
这些无限小的涨落
不携带净能量
也不产生引力——
如诡异的量子定律所述
如果我们正确理解了它们。

/ 在特殊的受控条件下
空间的一个区域
将它的一些量子涨落
借给相邻的区域。

通过增加的涨落
借用区域突然间
拥有了正能量
它的引力开始吸引。

随着涨落的减少
那些借出区域突然间
拥有了负能量
它的引力开始排斥
它变得异质化。

但借出的东西必须归还，而且要快
当借出者是真空时尤其如此
如奇异的量子定律所言
因此，异质化的涨落
只是短暂的存在……

除非建造特殊的墙壁
来扭曲相邻的波动
这样异质物质就可以在
紧贴特殊墙壁的浅层内
持续存在。

以这种方式
人类可以在地球上的实验室里
造出微量的异质物质
产生反引力。

但是它们的引力排斥是如此微弱
以至于人类从未能测量出来。

然而，我几乎可以确定
随着科技的进步
异质物质产生的排斥力
将会在实验中被观察到。

异质真空涨落能够维持虫洞的开放吗

/ 想象一个远比我们先进的外星文明
先进到物理定律所能允许的极限
无限先进。

这个文明的生物
以某种方式建造了一个虫洞
让人类能够从地球穿越到遥远的黑洞
就像《星际穿越》中设想的那样。

物理定律是否真的允许任何文明的生物
将足够的异质物质加载到虫洞的咽喉中
以使其保持开放状态足够长时间
让人类顺利穿越。

我们不知道
我们真的不知道。

虽然我们继续探索
自然的量子定律
试图证明它或否定它
但我们迄今为止还远远不够聪明
无法揭开这个谜团。

关于统治我们广阔宇宙的物理定律
有太多我们人类尚未理解的事情。

创造大型虫洞

/ 我们物理学家倾向于猜测
空间本身就是由涨落的虫洞构成的
一个由虫洞组成的量子泡沫
每一个都比人类小亿亿亿亿倍
比一个质子小一百亿亿倍。

一个无限先进的外星文明
是否能抓住这样一个微小的虫洞
固定其涨落
再将其膨胀到人类尺寸
以用于星际旅行？

我们不知道
我们真的不知道
我们将继续追问。

从虫洞到时间机器

/ 想象一个来自无限先进文明的奇怪生物
在一艘以接近光速航行的星际飞船上
他们用一个虫洞的口
穿越星际空间到达某处
而虫洞的另一个口留在原地。

运动的口所感知的时间流逝变慢了
这次往返只需要一年。

而留在原地的口的时间则是正常流逝
这次往返花了一百年。

所以从外部宇宙的观点来看
比起留在原地的口来说
经历了旅行的口年龄要小得多——
少了九十九年。

但是在这通过虫洞的
奇怪生物看来
这两个口处的
时间流逝速度是相同的。
年龄完全一样。

现在暂停并仔细思考
就会得到令人惊奇的推论。

旅行结束后
如果你进入旅行的进口
你将从附近的留在原地的口中出来
回到你过去的九十九年。

虫洞已经变成了一个时间机器。

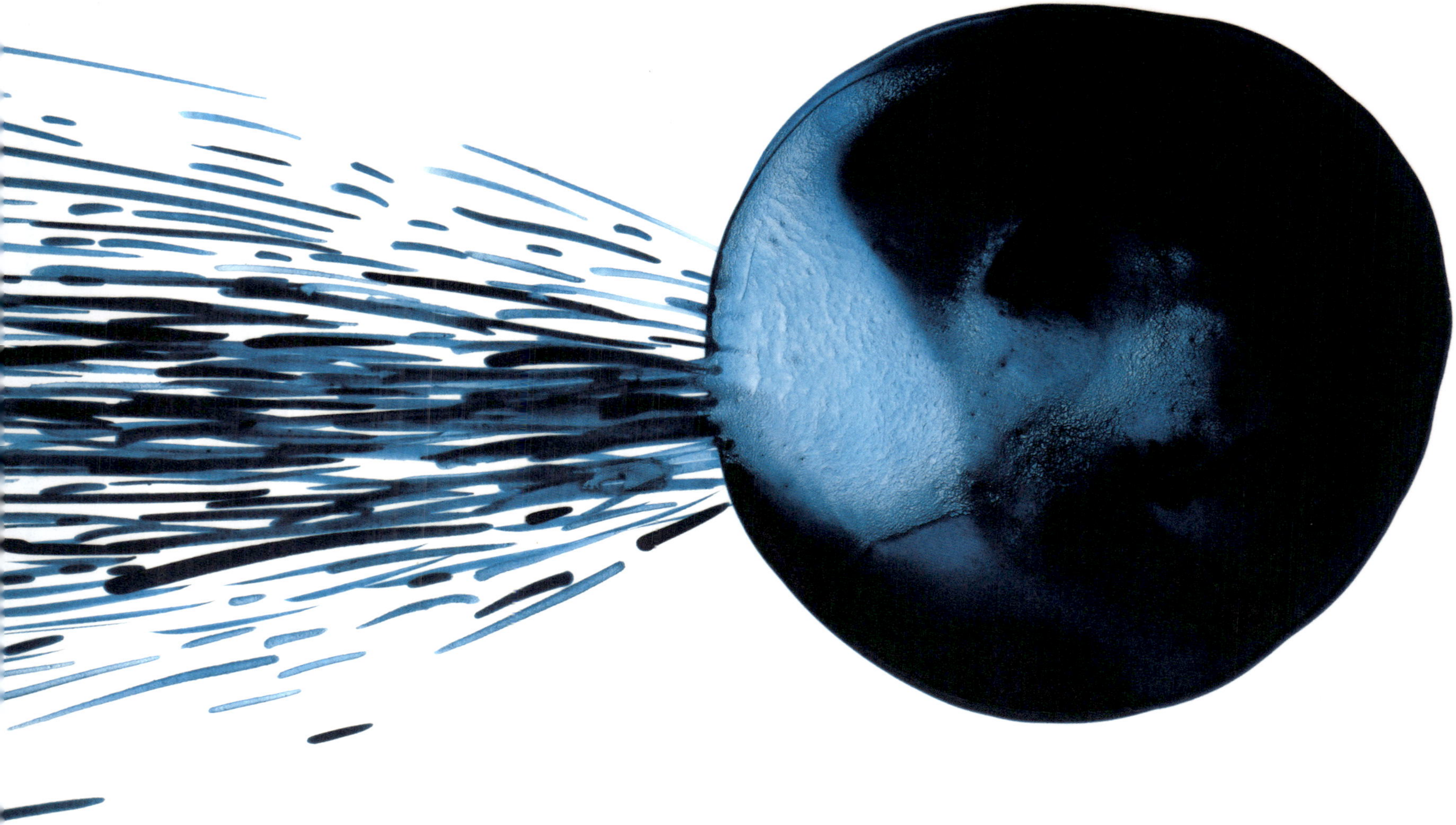

时间机器是否会自我毁灭

/　自然法则是否真的允许
建造出时间机器？

不一定
我们还不确定。

爱因斯坦的时空卷曲法则
给出的这些预测
也许并不是建造时间机器的
唯一的控制因素。

实际上，控制权要与量子物理法则共享
这些法则做出了奇怪的预测。

这个时间机器
以及所有其他时间机器
无论如何构建
都可能会在创造的那一刻自我毁灭。

当旅行的口返回时
会有一个精确的时刻
这时一个光子可以穿过旅行之口
穿越虫洞逆时间旅行
然后从留在原地的口出来
以光速返回到旅行之口，抵达自身
就在旅行开始的那一刻之后的极小瞬间。

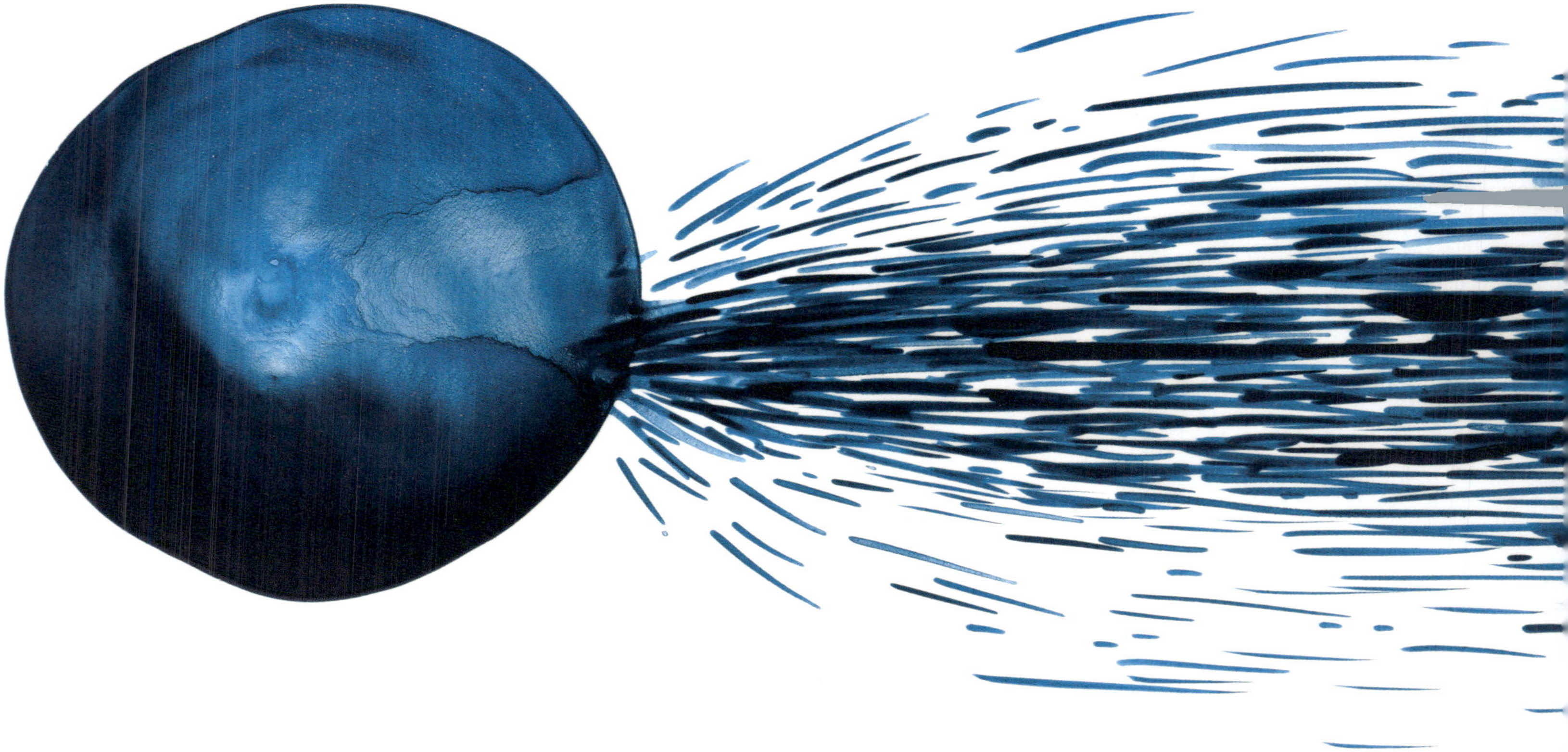

这个光子，有限的大小
在空间与时间中重叠于自身之上
最初的一个光子现在变成了两个。

这些光子一起重复那次旅行
变成了四个，然后是八个
十六个，三十二个
越来越多
所有相同的光子都在时间中旅行
一次又一次地重复。

光子的能量呈指数级增长
直至引力将虫洞壁向内吸收
最终压缩，引发灾难性的
光子爆炸和虫洞坍缩。

时间机器在创造的那一刻自我毁灭。

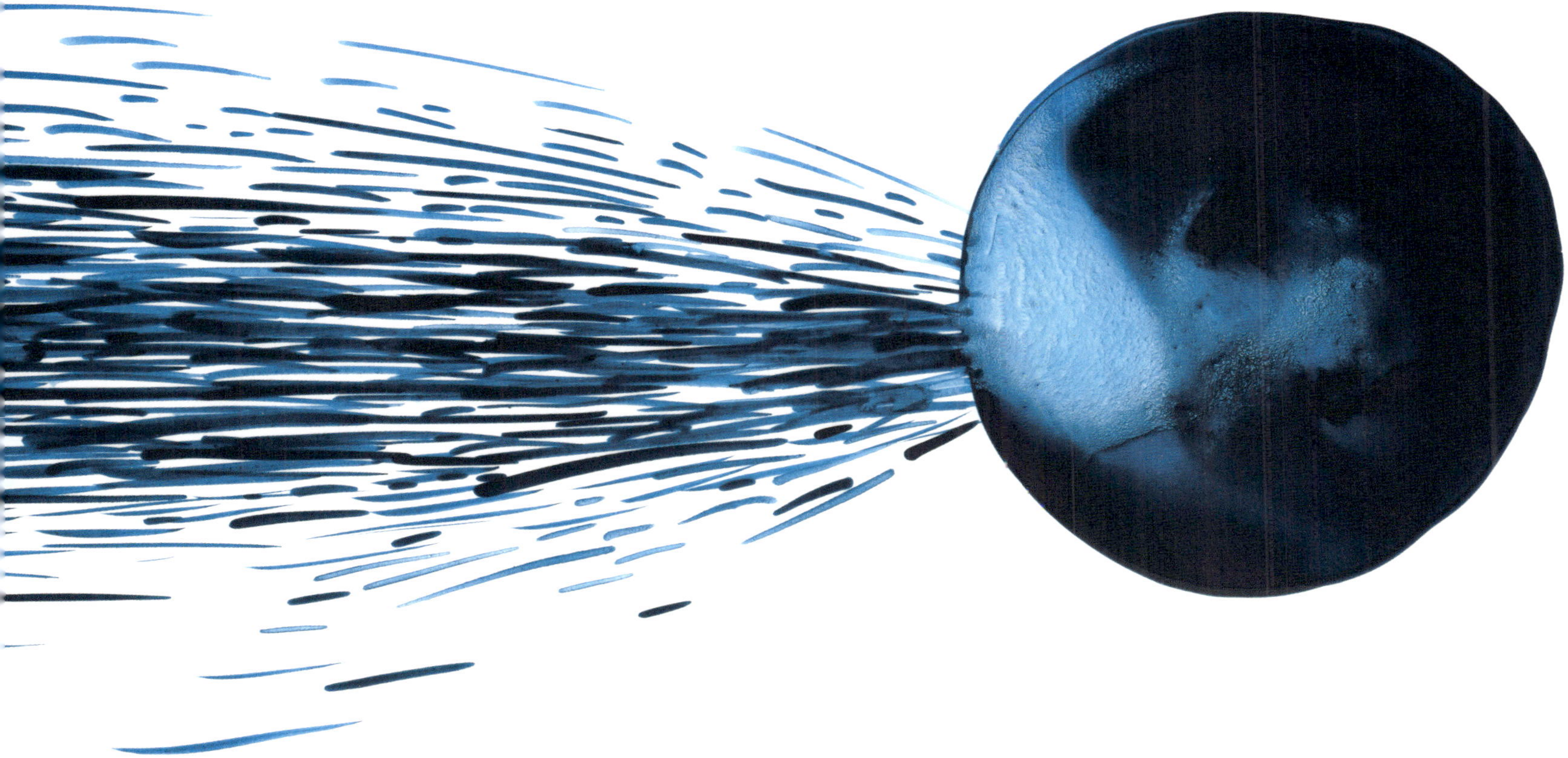

/ 来自无限先进文明的奇怪生物
能阻止所有这些光子旅行
并拯救时间机器？

不能
并不可能。
我认为是这样
但无法确定。

假设这奇怪生物试图屏蔽入口
挡住所有可以阻止的东西
但真空仍然存在
带着所有的涨落
包括不可阻挡的虚拟光子
它们具有超高频振荡
速度非常快。

这些不可阻挡的虚拟光子
穿越虫洞
一次又一次
一次又一次
爆炸性地堆积在一起。

这个爆炸有多强？
是否强大到
可以在时间机器诞生的瞬间
彻底摧毁它。

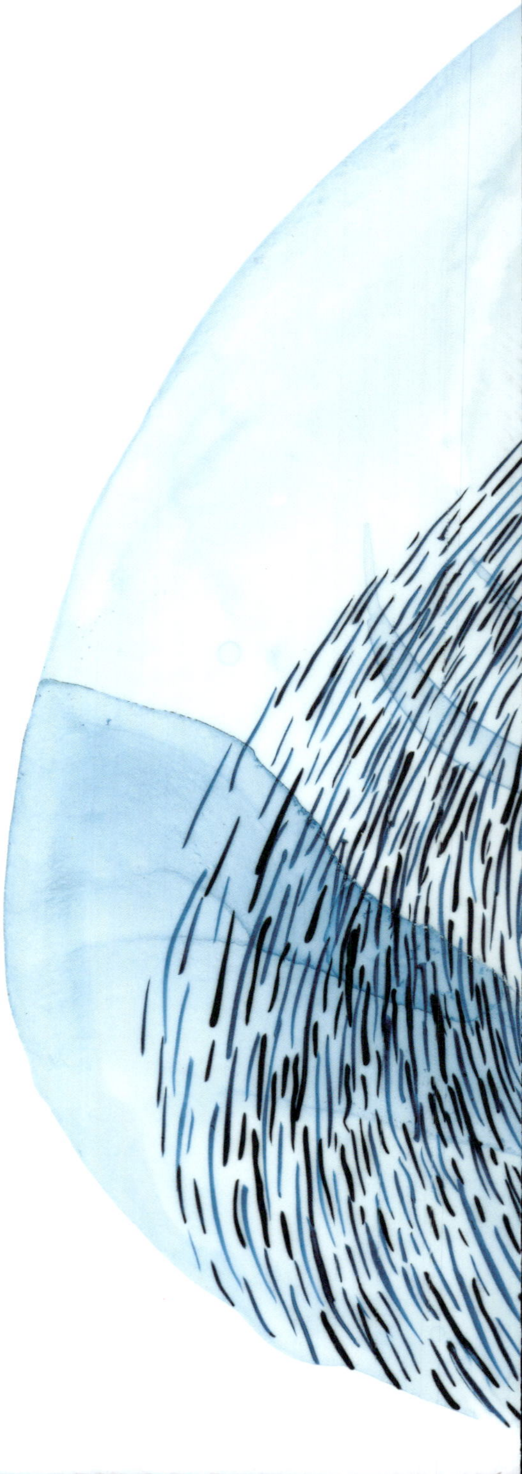

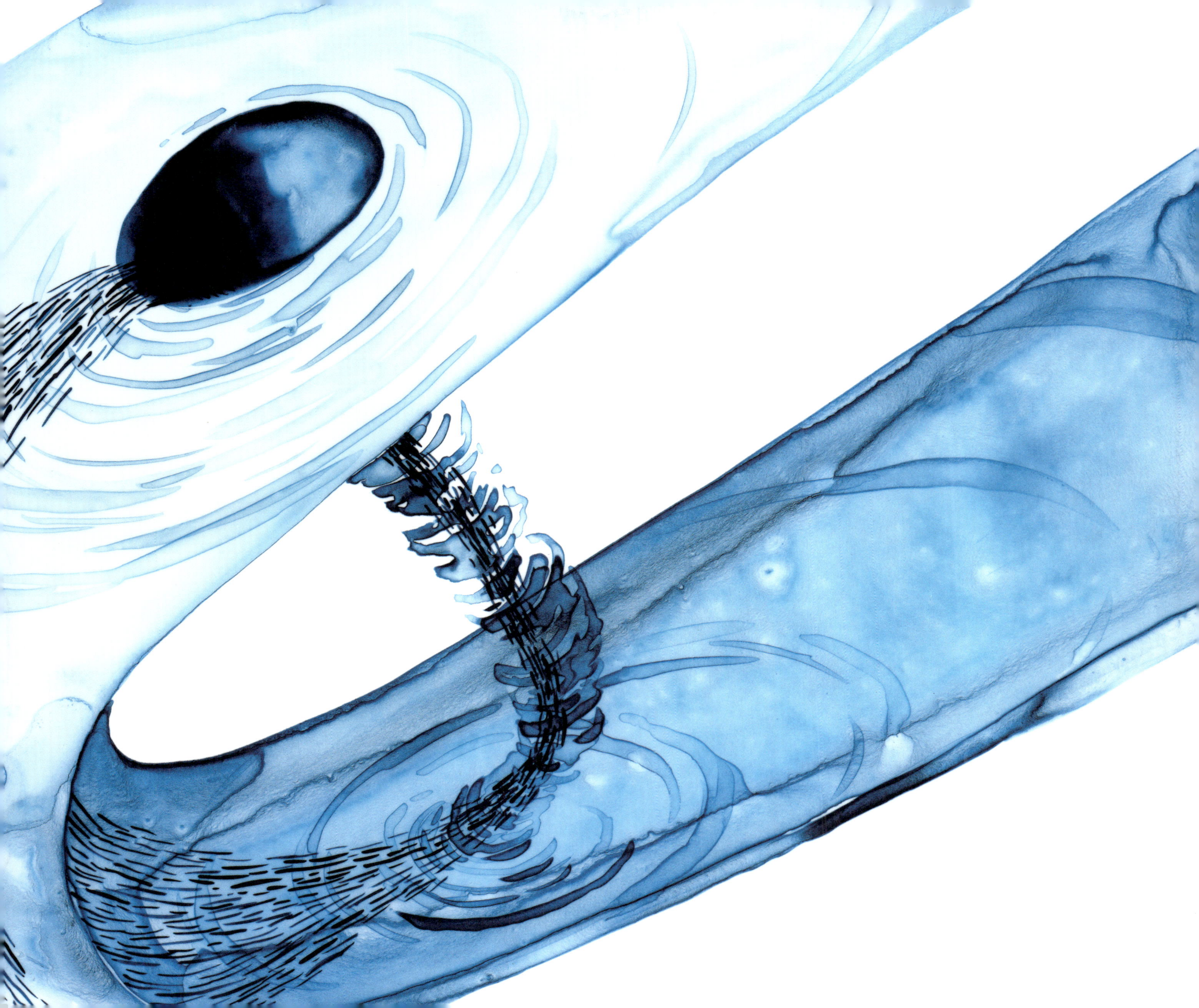

/ 霍金尽管坐在轮椅上
但心灵和精神却自由翱翔
1991 年，他深入研究了这个问题
正如我的学生和我一起探索。

我们了解到
爆炸的命运由量子引力定律控制
这些定律我们物理学家还未完全理解
至少现在还是如此。

时间旅行——
由量子引力控制的另一个谜。

然而，自由翱翔的霍金
这位智慧深邃的先知
相当确信自己掌握了答案
被量子引力定律
牢牢把握的答案。

霍金把他的答案编码在
他的宇宙监督假设中——

时间机器不可避免地
总是自我毁灭
防止任何东西
穿越到过去
改变我们的历史。

霍金坚定地宣称
这保证了我们宇宙每个物种的
历史学家的安全与稳定
无论这物种有多么先进。

时间机器的故事

/ 为了捕捉时间机器毁灭的关键
莉娅创作了一个简单的小故事。

费利西娅在一个虫洞左边的口旁
翻阅一本我很久以前写的书。

翻阅完毕
费利西娅把书交给了莉娅。

莉娅手持书
走到右边的口，把书扔了进去。

莉娅拿着书
通过虫洞穿越到过去
从左边的口里出来
正当费利西娅刚刚翻阅完毕。

接过书的费利西娅现在有两本书。
完全一样的两本书
一本更新，一本更旧。

莉娅漫步走回虫洞的左口边
从费利西娅手中接过两本书
然后绕到虫洞的右口
穿过虫洞，回到过去
再把两本书递给费利西娅。

现在，费利西娅有了四本书
一次又一次地重复这个过程
我的书多得要多少有多少。

书堆的重量呈指数级增长
产生了巨大的重力
最终摧毁了时间机器
而莉娅及时救下了费利西娅
避免了更严重的悲剧。

THE WARPED SIDE OF OUR UNIVERSE

03

卷曲的时空

第一遍，迅速地

当旋转的黑洞相撞时
它们掀起了
一场时空织物中的风暴。

在那可怕的风暴中
扭曲的空间涡旋振动并产生伸拽
与造出它们的涡旋
完全交织在一起。
扭曲空间的涡旋振动并产生拉伸和挤压
与造出它们的伸拽
完全交织在一起。

一场地球－宇宙动力学的风暴
一场时间流动的风暴
一场空间形状的风暴。

稍等
慢下来
一步一步来。

当旋转的黑洞正面相撞：
对抗、缠绕的涡旋变成引力波

/ 两个黑洞飞向彼此，准备撞击
完全相同的黑洞
具有横向的、相反指向的自旋。

左边的黑洞带着
一个向上的、顺时针扭曲的空间涡旋
和一个向下的、逆时针扭曲的空间涡旋
右边的黑洞自旋正好相反——
逆时针向上
顺时针向下。

两个黑洞正面相撞
它们的视界融合成一个
接下来发生的事情令人惊讶
我的学生们进行了模拟
他们用了一个贝奥武夫超级计算机集群[1]
一个具有王者般威力的集群。

---

① 贝奥武夫是传说中的古代丹麦国王，一种高性能计算机集群以其命名。——译者注

顺时针旋转的涡旋环绕着黑洞
合并成一个单一的涡旋
依附在黑洞的视界上
从左上方出现，向右下方延伸。

逆时针旋转的涡旋同样绕过黑洞
合并成一个单一的涡旋
从右上方升起，向左下方延展。

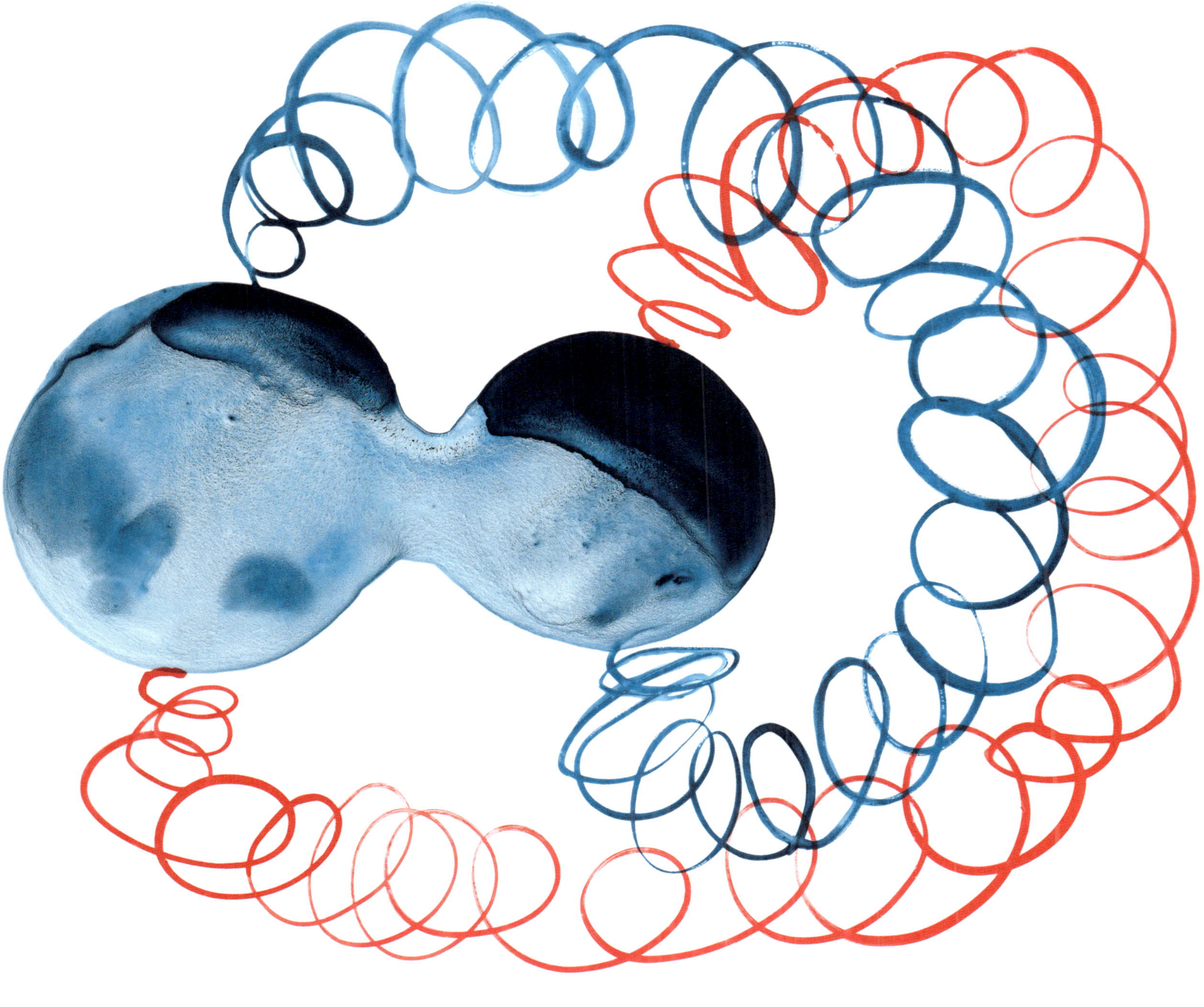

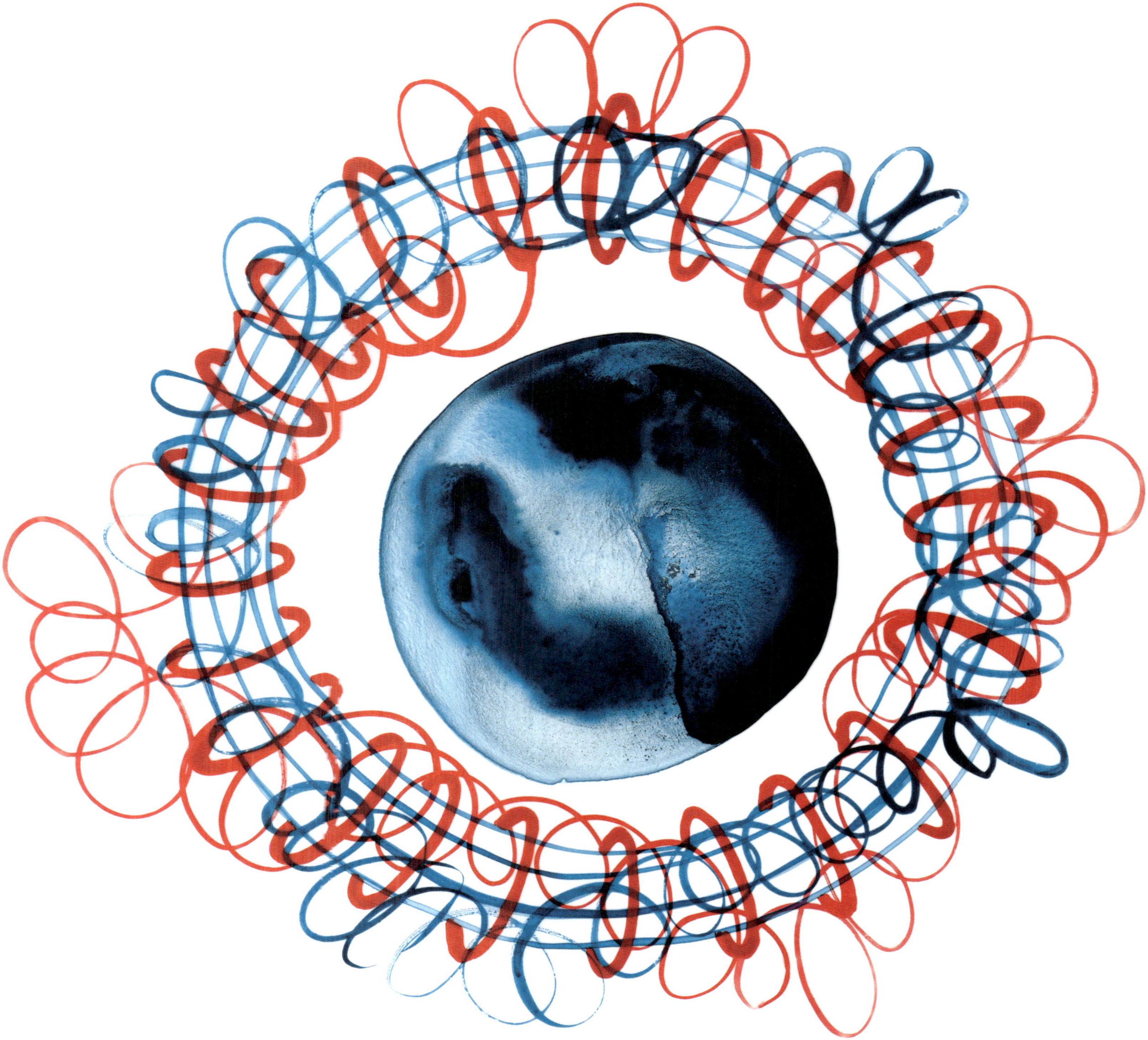

一场激烈的战斗爆发了
相反的涡旋互相抛出
从合并的黑洞中挣脱
挣脱出来后，它们迅速拥抱
形成绕着黑洞的环——
就像一个吸烟者吐出的烟圈
一个缠绕在一起的涡旋之环。

环以光速扩张
随着它向外扫过
其涡旋的运动
围绕环的长环路
产生伸拽的张力
同时围绕环的短环路压缩伸拽。

环扩张的涡旋推着黑洞
克隆了它们的镜像——
新的逆时针涡旋
从左上到右下
新的顺时针涡旋
从右上到左下。

又一场战斗爆发了
这新一代的涡旋
将彼此抛离黑洞
解脱后，它们迅速拥抱
形成一个新一代的环。

新生的环以光速扩张
产生了与之前相反的伸拽
压缩围绕环的长环路
拉伸围绕环的短环路。

一环接着一环接着一环
每一个都比之前更弱
以光速扩张到星际空间——
它们穿越宇宙，变成了引力波。

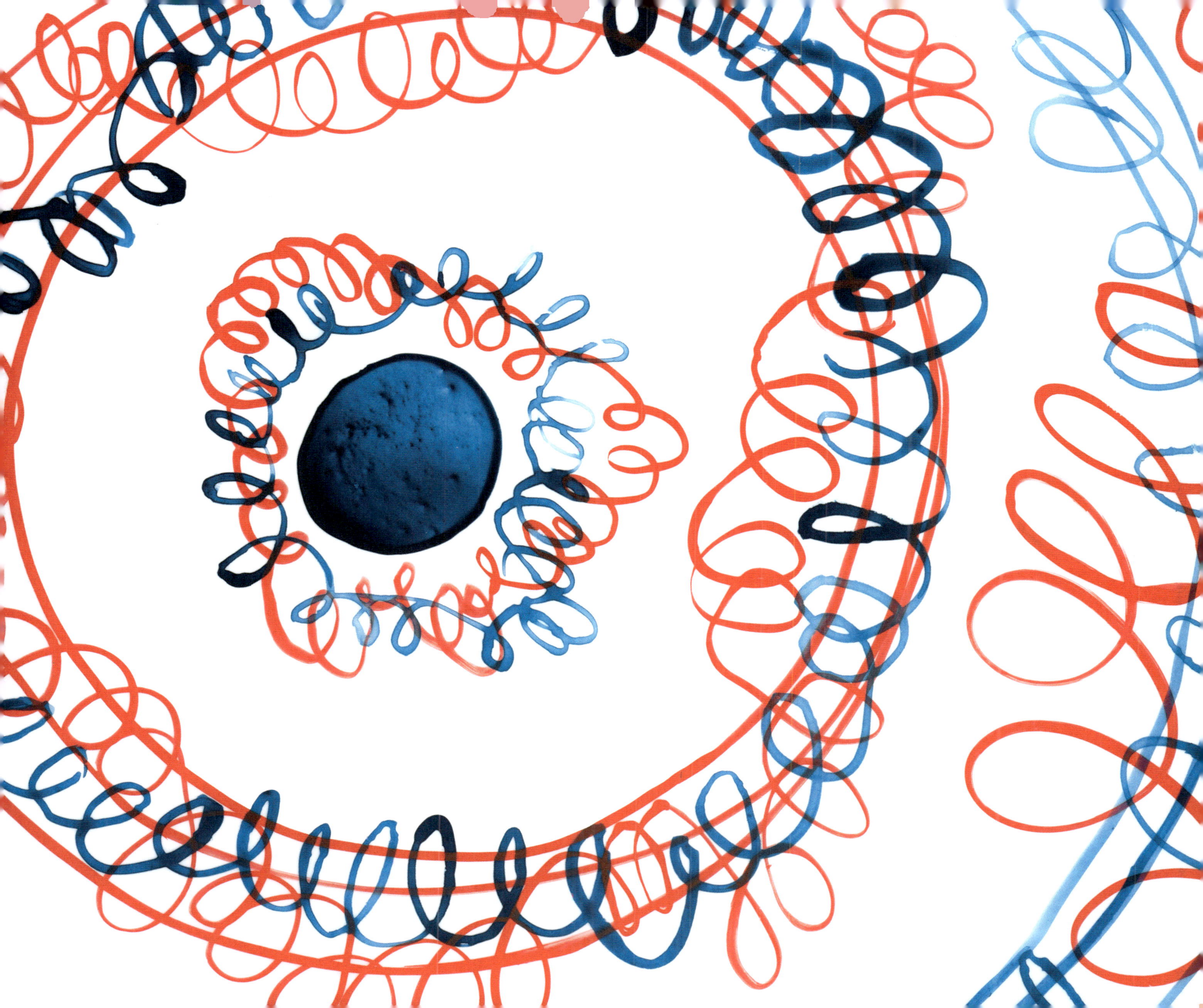

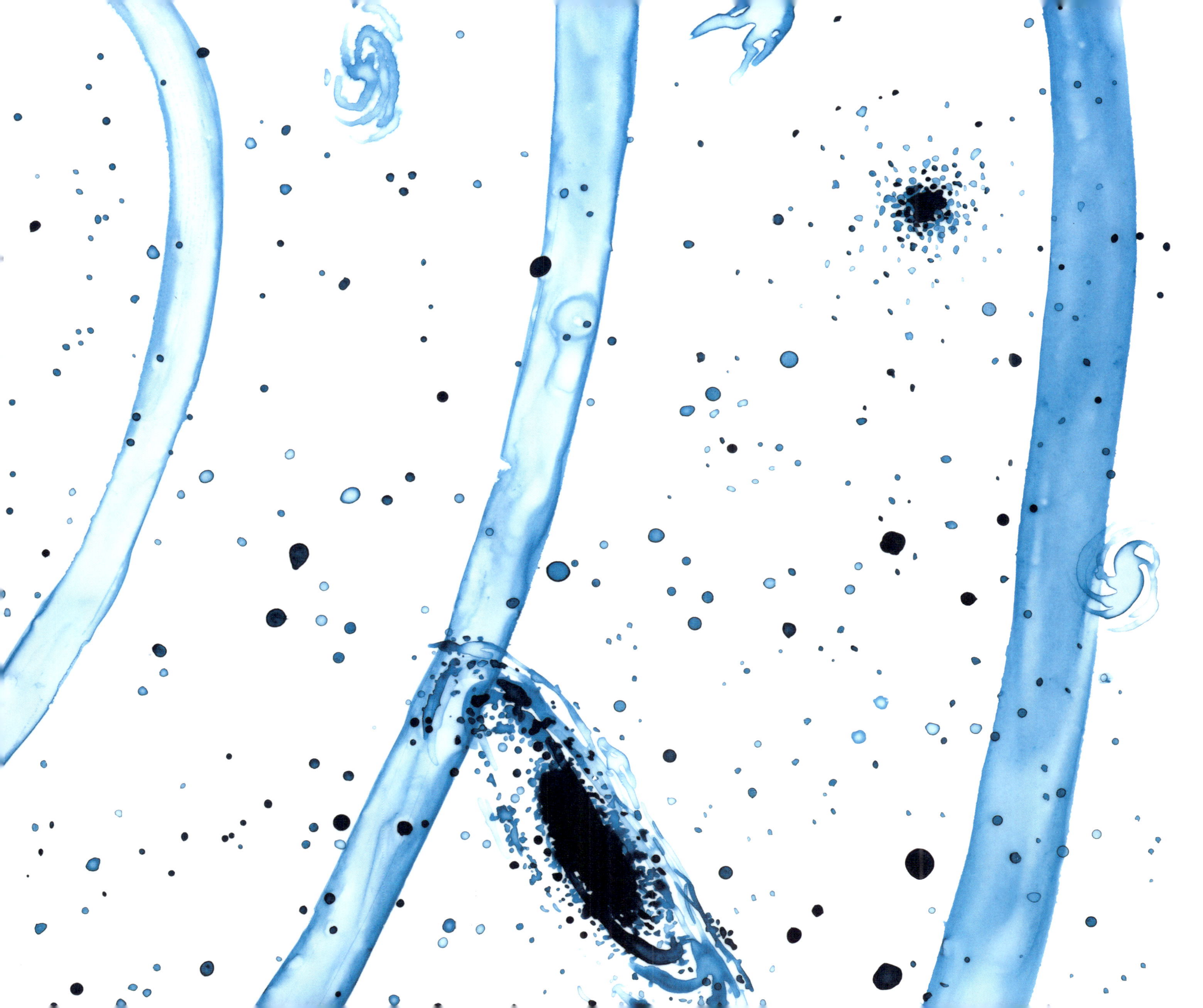

当环绕的黑洞相撞：
螺旋涡旋变形成引力波

/ 我的学生们在贝奥武夫超级计算机——
那被赋予了诸王之力的集群上
求解爱因斯坦方程
他们还发现了什么？

两个自转的黑洞相互环绕
相同的黑洞
碰巧自转轴落在
它们的轨道平面内。

从宇宙体中审视膜的存在
会看到黑洞的漏斗向下伸展。

从每个漏斗的顶部——
黑洞的视界
两个自旋诱导的涡旋出现了
扭曲相同但方向相反。

/ 当黑洞相互环绕时
它们的涡旋向后卷曲
形成旋转空间的螺旋
就像水从旋转的洒水器头向外摆动一样。

每个螺旋涡旋
以光速向外扫过
通过它的运动
创造出拉伸和挤压的伸拽
与产生它们的涡旋纠缠在一起——
引力波。

这些向外扫过的引力波
从黑洞的运动中吸取能量
迫使它们的轨道收缩。

轨道越来越小，直到一场巨大的灾难发生
在一个巨大的几何动力学风暴中
两个黑洞相撞、合并。

伸拽生成的波

/ 但等等
我只讲了故事的一半
莉娅也只向你展示了故事的一半。

真的吗？还有更多？
我的心灵之眼还可以看到更多？

当两个黑洞碰撞、合并时
它们的视界，现在是一个哑铃形状
不仅抓住了四个涡旋
还持有三个伸拽——
每个哑铃端都有一个拉长的伸拽
和一个扇形的挤压伸拽
环绕哑铃颈部。

随着哑铃视界在空间中翻滚
它的伸拽扩张、挤压
向后卷曲成螺旋形状。

螺旋以光速向外扩散
这些伸拽创造并纠缠
扭曲空间的涡旋
从而将它们自身转化
成为高飞的引力波。

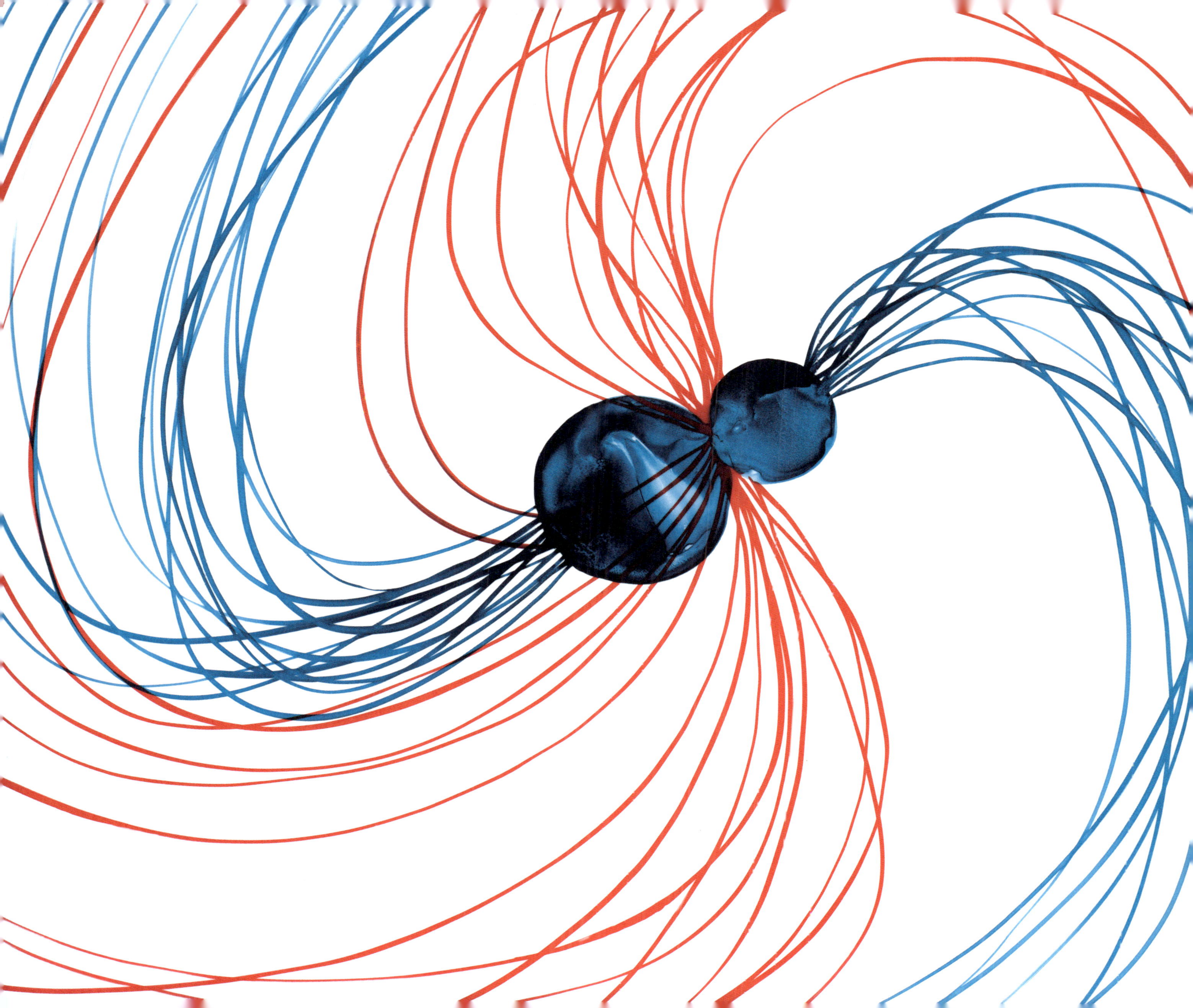

这第二组波
由螺旋形伸拽构成
束缚在黑洞的视界上
伴随着由同样束缚在洞口的
螺旋形涡旋构成的第一组波。

在合并黑洞的南部
两组波浪相互增强
它们合在一起极为强大。

而北部的波
大部分互相抵消
它们合在一起却相当微弱。

正如开枪时的后坐力
合并后的黑洞也会产生后坐力
被强大的南半球波推动
向北后退。

这种几何动力学的踢击
可以如此巨大
以至于它将喷射波的黑洞
从其母星系中踢出
发射到星系际空间
它在那里孤独地漂泊
过了一个又一个纪元。

引力波的巨大力量

/ 这些引力波极为强大
比我们的宇宙中
所有恒星发出的光
加在一起的五十倍
还要强。

来自两个黑洞碰撞的
五十倍的宇宙光度
却不是任何光或红外线
也不是伽玛射线或无线电波
完全没有电磁波
完全没有。

这五十倍宇宙光度
完全由引力波承载
由交错的伸拽和涡旋
由卷曲时空制造的结构。

而所有这些力量来自哪里?
来自束缚在黑洞视界上的
伸拽和涡旋。

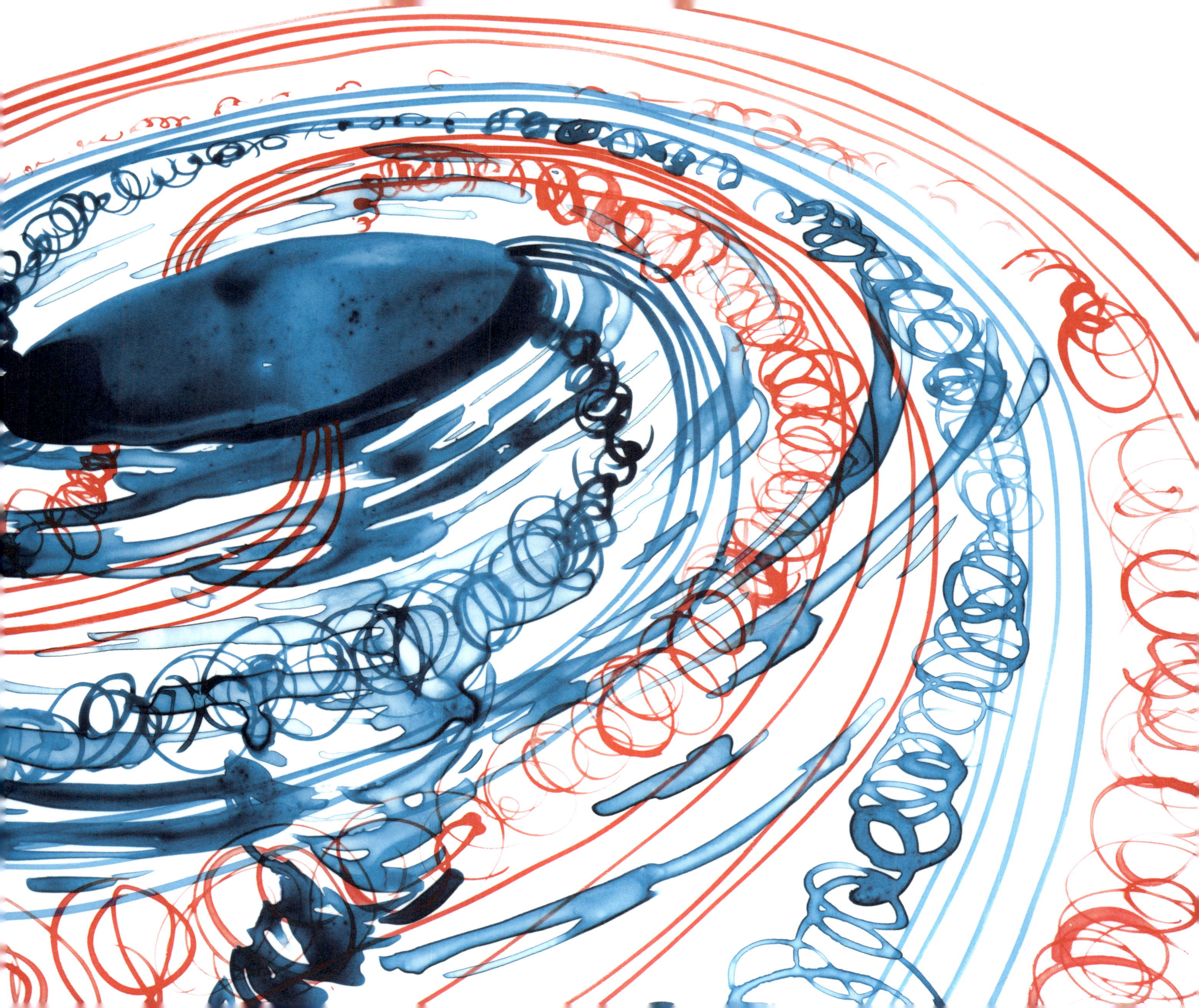

/ 当波依次离去——

旋转的涡旋
被翻滚的黑洞吞噬
逐渐衰减、消失。

翻滚的哑铃形的视界
变成扁平球体
其所有的螺旋伸拽
也逐渐衰减、消失。

碰撞的黑洞的两个漏斗合并
合并的黑洞平静下来
进入纯粹的静止状态。

穿越宇宙来到地球

碰撞黑洞的引力波
离开合并的黑洞
飞向星际空间。

从恒星到恒星
巨星和矮星、红色的和蓝色的。
它们飞行
穿过它们诞生的星系
飞入星系际空间。

从星系到星系
大的和小的、弥散的和螺旋的。
它们飞行
朝向我们的银河系和地球。

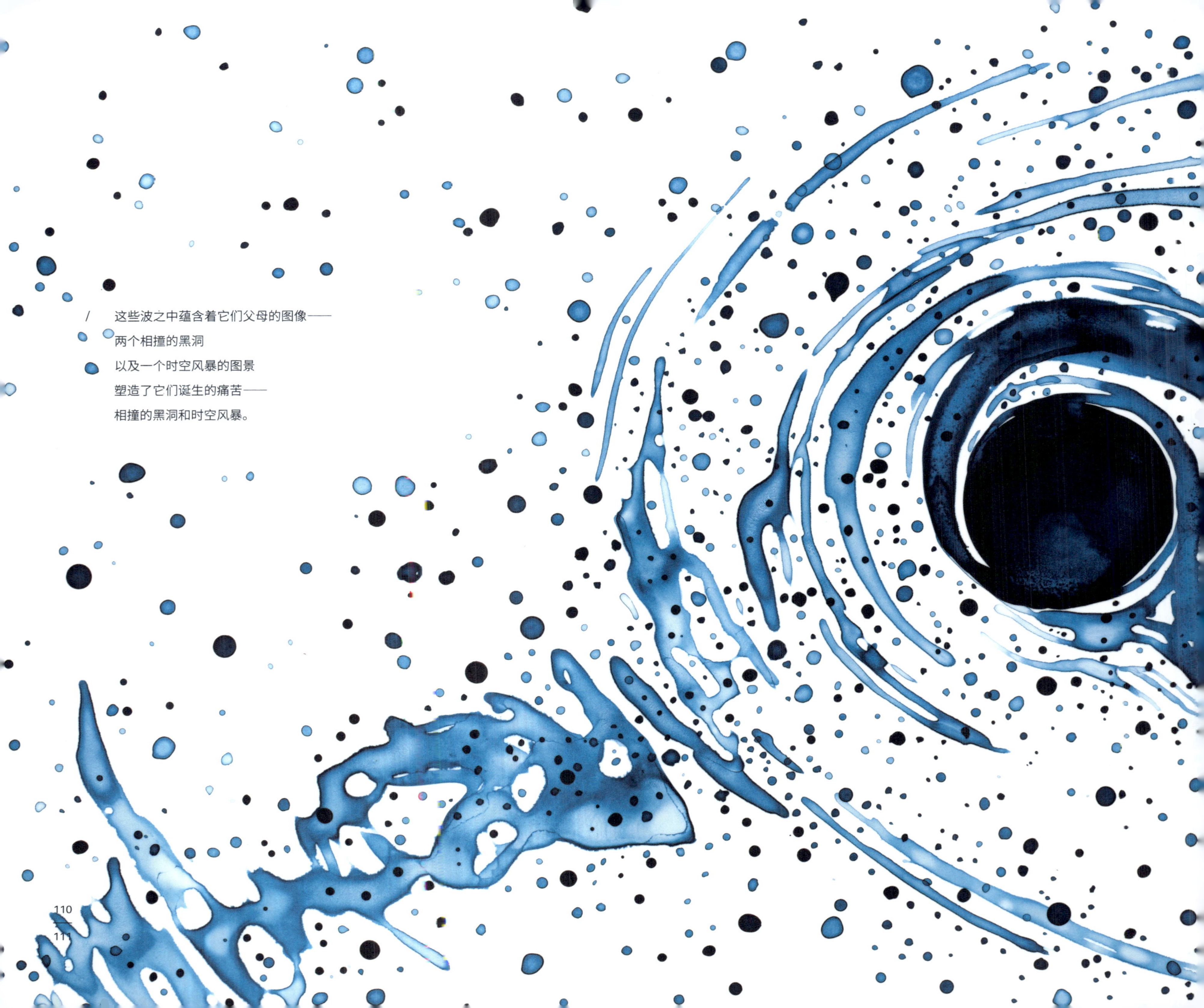

/ 这些波之中蕴含着它们父母的图像——
两个相撞的黑洞
以及一个时空风暴的图景
塑造了它们诞生的痛苦——
相撞的黑洞和时空风暴。

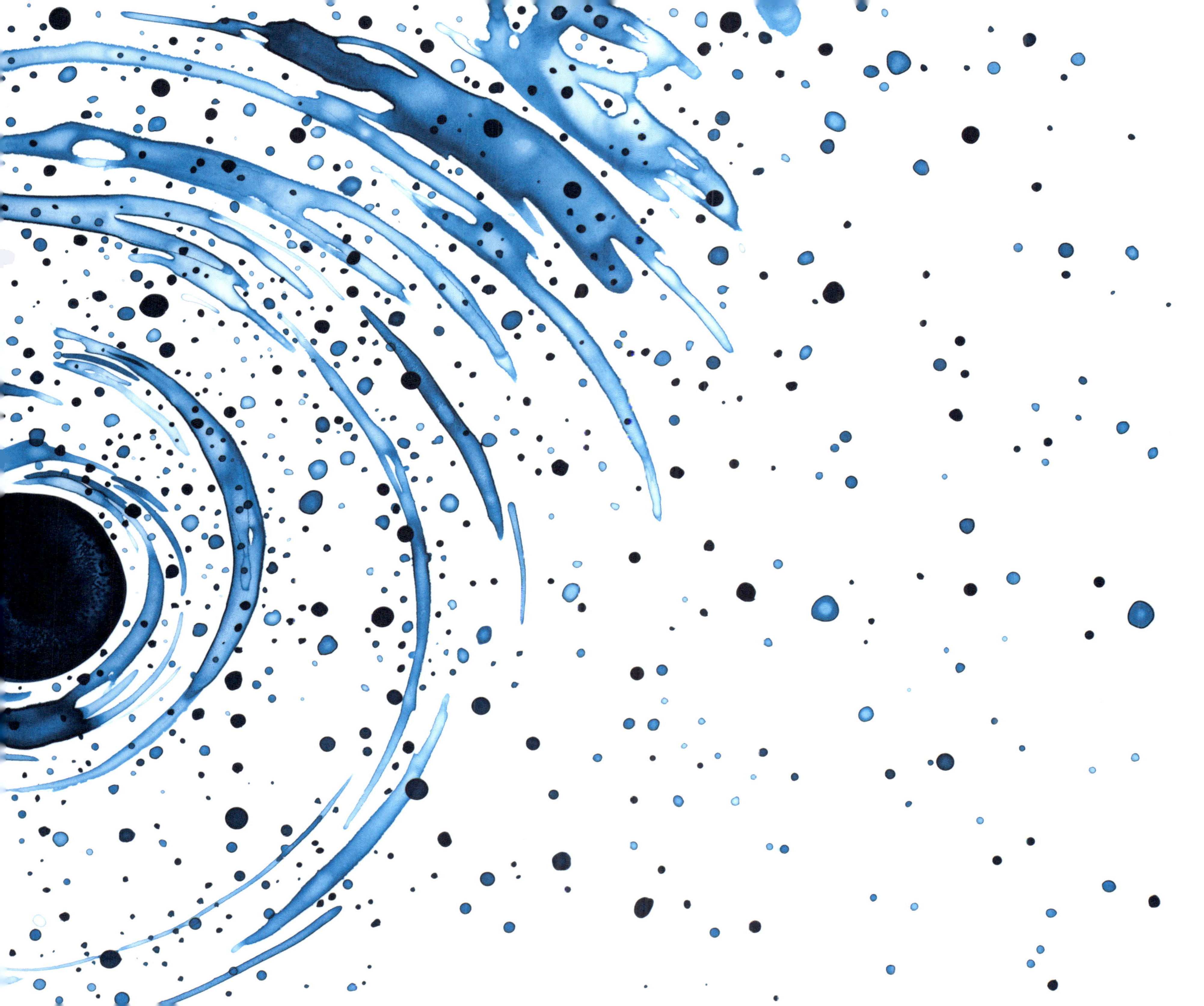

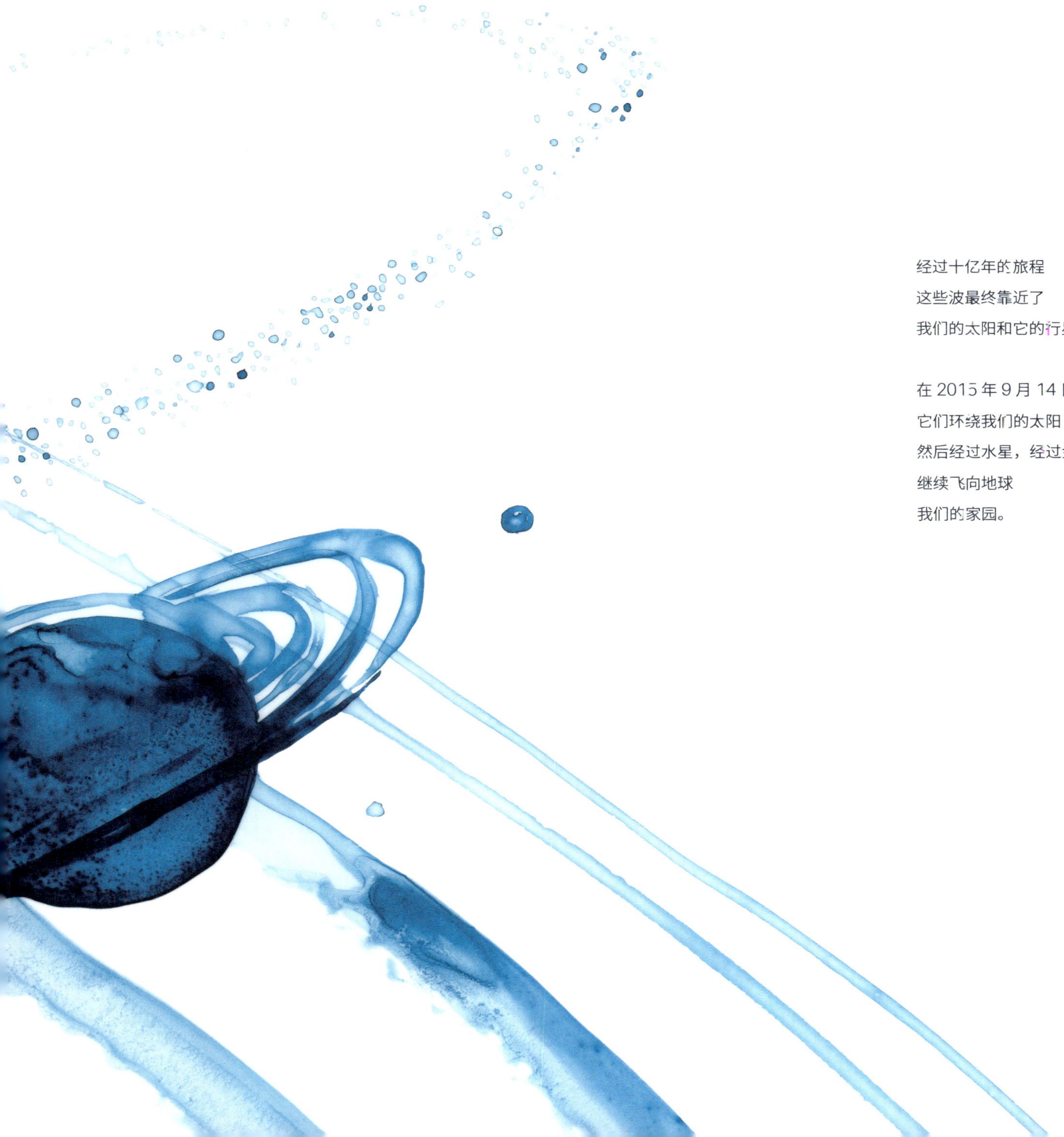

经过十亿年的旅程
这些波最终靠近了
我们的太阳和它的行星。

在 2015 年 9 月 14 日
它们环绕我们的太阳
然后经过水星，经过金星
继续飞向地球
我们的家园。

LIGO 的等待

在地球上等待
靠近新奥尔良
美国爵士音乐的诞生地。

在地球上等待
靠近汉福德
曾制造过第一颗原子弹的城镇。

在这些历史悠久的地方等待的
是被称为 LIGO 的天文台。

每一个都是人造的 L 形庞然大物
可以感知经过的引力波
并解读它们所携带的信息——
碰撞的黑洞和时空风暴
在遥远的地方和过去
这些波诞生的地方。

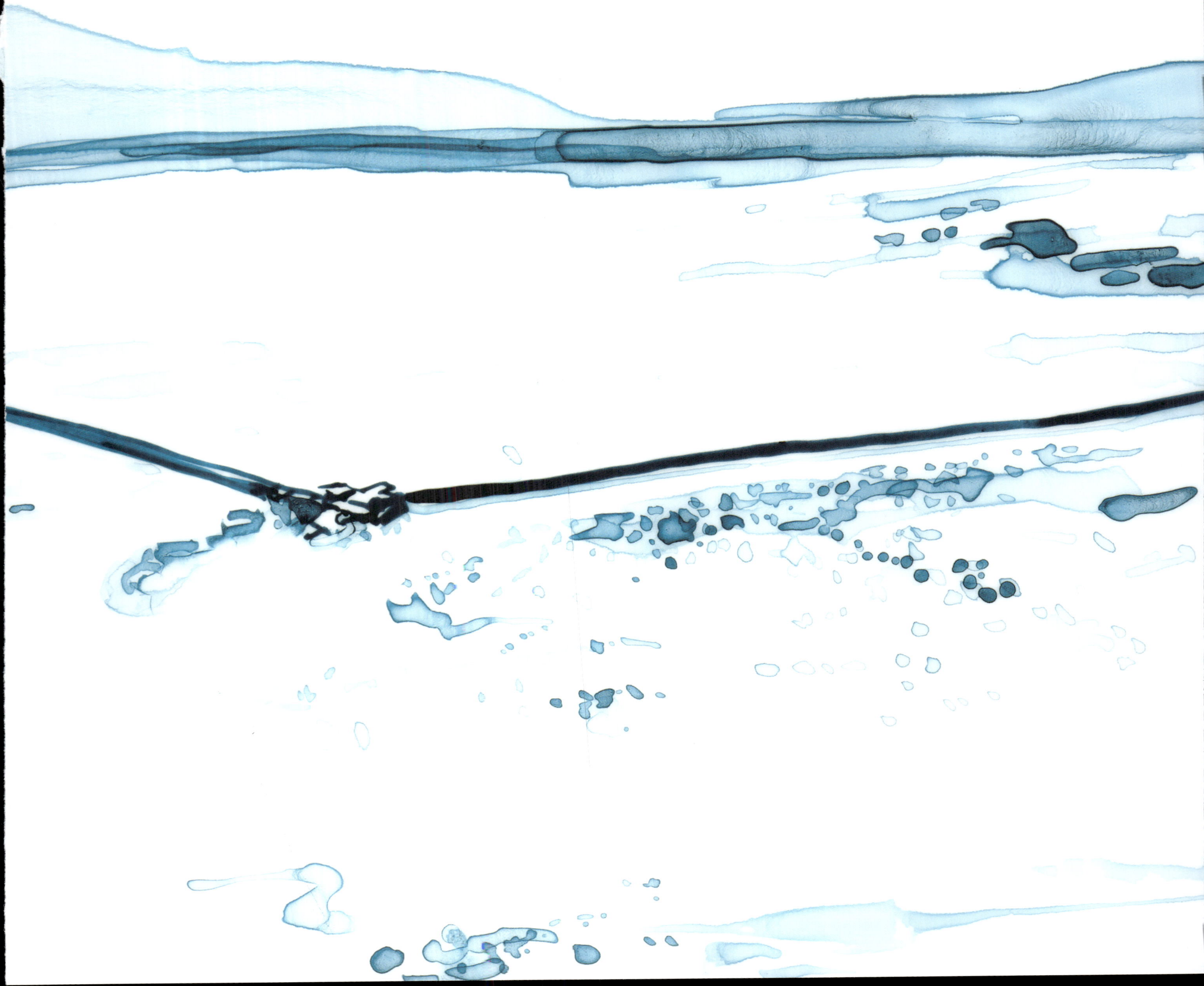

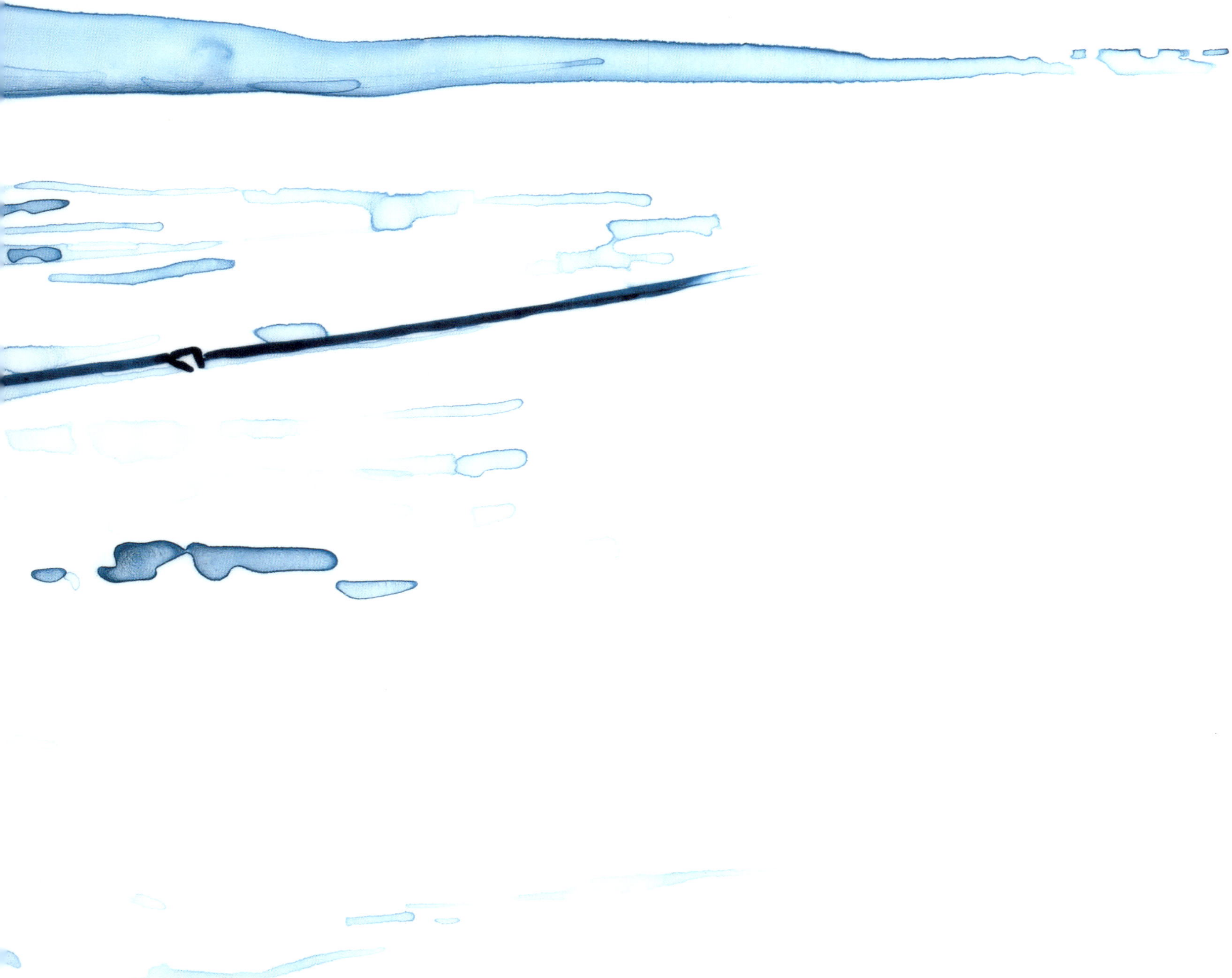

/ 在每个天文台
在每条四千米的 L 形臂上
都有一束光被束缚在
自由悬挂的镜子之间[1]
每个镜子重达四十千克。

当一道传入的波轻抚着 L 形臂时
它的伸拽拉长向西指的臂
将镜子分开
并拉伸它们所束缚的光束
而它的伸拽挤压向北指的臂
将镜子推向彼此
也挤压它们所束缚的光束。

但这拉伸和挤压如此微小
只有质子宽度的百分之一。

十毫秒后
拉伸变成挤压
挤压变成拉伸。
通过交替的拉伸和挤压
波传达它们的消息
并将其刻在光束上
碰撞的黑洞和时空风暴。

---

① 指每条干涉臂的两端都有镜子，激光光束在镜子间来回反射。——译者注

被束缚在每条臂内的光束
通过角落的镜子泄出。
这两束泄出的光干涉
在一个光电探测器内
将它们的拉伸和挤压编码转换成电压
最终记录下来
供人类观察碰撞的黑洞和时空风暴。

这就是那 L 形庞然大物的本质
一个引力波干涉仪[①]。

再次强调——

引力波，拉伸和挤压
暂时束缚在 L 形结构两臂镜子间的光束。

这些光束，泄漏出来
在光电探测器内干涉产生电压
从而产生记录的信号
记录下碰撞的黑洞和时空风暴。

---

① 这里是指用于探测引力波的激光干涉仪，
并非指引力波的干涉。——译者注

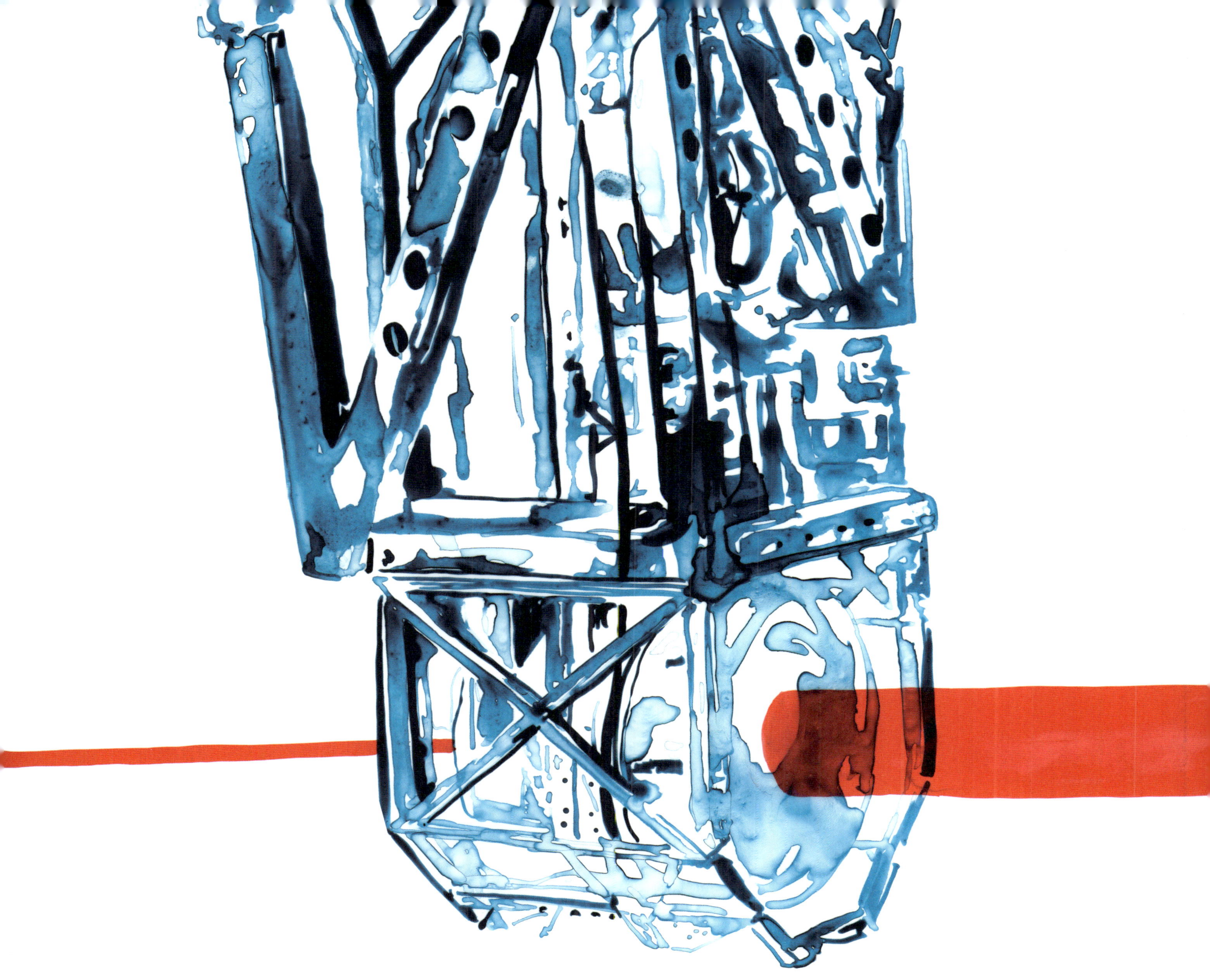

伽利略和 LIGO

物理定律决定了
只有两种类型的波
能够穿越我们的宇宙
为我们带来遥远的画像。

我们人类早已知道第一种——
电磁波——
光线、X 射线和 γ 射线、射电波和红外线。

爱因斯坦预言了第二种——
引力波
包括扭曲空间的涡旋相互交织的拉伸和挤压的伸拽。

四百年前的伽利略 · 伽利莱
建造了一架光学望远镜
将其指向天空
发现了木星的四颗大卫星
从而开启了基于仪器的电磁天文学。

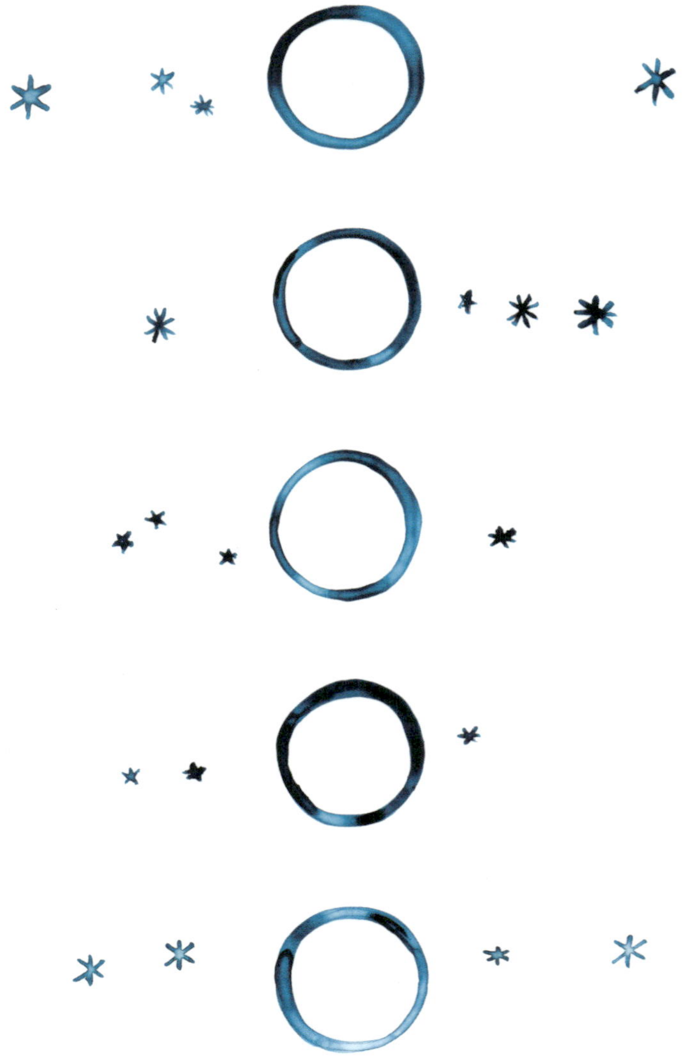

Galileus Galileus
Florentinus
superius
16
licentia
24.
Eques Octavius Leo
Roman Pictor fecit

/ 在过去的二十五年里
LIGO 的队伍——
一千名物理学家和工程师
建造了两个庞然大物。

在 2015 年启动后
他们发现了来自碰撞黑洞的波
从而，诞生了
基于仪器的引力波天文学。

来思考这场革命
电磁天文学带来的革命
如何改变了我们看待宇宙的方式
自伽利略时代以来的
四个世纪和二十代人。

这可能的确预示着
一个彻底的新革命
引力波天文学和电磁波
交织在一起
将在接下来的四个世纪里
带给我们的后代
一场根本的变革
就像伽利略创造的
那场革命。

LIGO 是如何诞生的？

我的个人观点……

/ 很久以前——

第一次世界大战肆虐时

爱因斯坦发现了

以他名字命名的物理定律——

预测和控制

我们宇宙卷曲侧的自然定律。

1916 年，爱因斯坦以数学探索他的定律

靠着极度狂热的思维

预测了引力波

但认为它们对人类来说

永远难以理解。

$$x_4 = it, \qquad g_{\mu\nu} = -\delta_{\mu\nu} + \gamma_{\mu\nu}$$

$$\gamma'_{\mu\nu} = \gamma_{\mu\nu} - \frac{1}{2}\delta_{\mu\nu}\sum_{\alpha}\gamma_{\alpha\alpha} \qquad \sum_{\alpha}\frac{\partial\gamma'_{\mu\alpha}}{\partial x_{\alpha}} = 0$$

$$\sum_{\alpha}\frac{\partial^2\gamma'_{\mu\nu}}{\partial x_{\alpha}^2} = 2\kappa T_{\mu\nu} \qquad \gamma'_{\mu\nu} = -\frac{\kappa}{2\pi}\int\frac{T_{\mu\nu}(x_0, y_0, z_0, t-r)}{r}dV_0$$

/ 在接下来的半个世纪里
经历了摩登女郎、大萧条和大屠杀
披头士乐队和致幻剂
人类技术飞速发展
有了火箭、电脑和录像机
激光，以及发光二极管
天文学家探索宇宙
发现了类星体、脉冲星、中子星
和大爆炸的遗迹。

寻找引力波的追求
已不再显得完全无望
但仍极为困难。

那时我是一位非常年轻的
加州理工学院理论物理学教授
刚刚来到洛杉矶——
好莱坞明星们的温床
还有无尽的沙滩、海浪和阳光。

但我对这些毫不留意
我的头脑被星空所吸引
沉醉于黑洞和卷曲侧
也爱上了引力波
它们很奇妙。

我与一位名叫
威廉·亨利·普雷斯（William Henry Press）的出色学生
以及其他一些志同道合的
物理学家朋友一起
开始在理论上构思
引力波可能会向我们揭示什么
如果我们能感知到它们的话。

一个引力波天文学的愿景。

Annual Reviews of Astronomy and Astrophysics 1972

GRAVITATIONAL-WAVE ASTRONOMY[1,2]

William H. Press[3] and Kip S. Thorne
California Institute of Technology, Pasadena, California

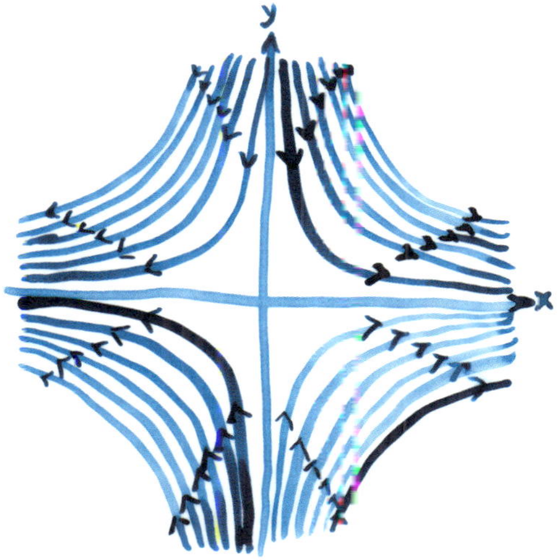

POLARIZATION "+"

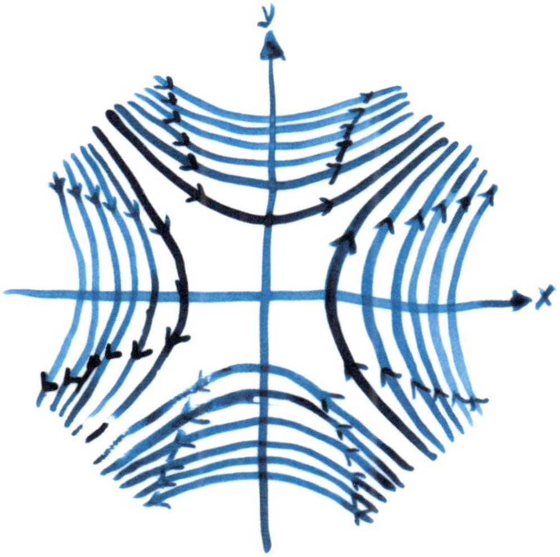

POLARIZATION "X"

/ 1972 年，当我和比尔 · 普雷斯（Bill Press）在加州理工学院
发布了我们的第一份愿景文件
麻省理工学院的雷纳 · 韦斯
正在撰写一份技术报告
提议建造最终带来成功的 L 形庞然大物——
雷纳的引力干涉仪。

引力波，拉伸和挤压
暂时被陷在 L 形两臂镜子之间的光束。

这些光束泄漏出来
在光电探测器内干涉，产生电压
从而产生可被记录的信号。

雷纳的洞察力和实用性令人惊叹
而我这位理论家，实际上却毫无头绪。

当我第一次听到他的提议
我将其与我所猜测的地球周围的引力波强度进行比较
我觉得雷纳疯了。

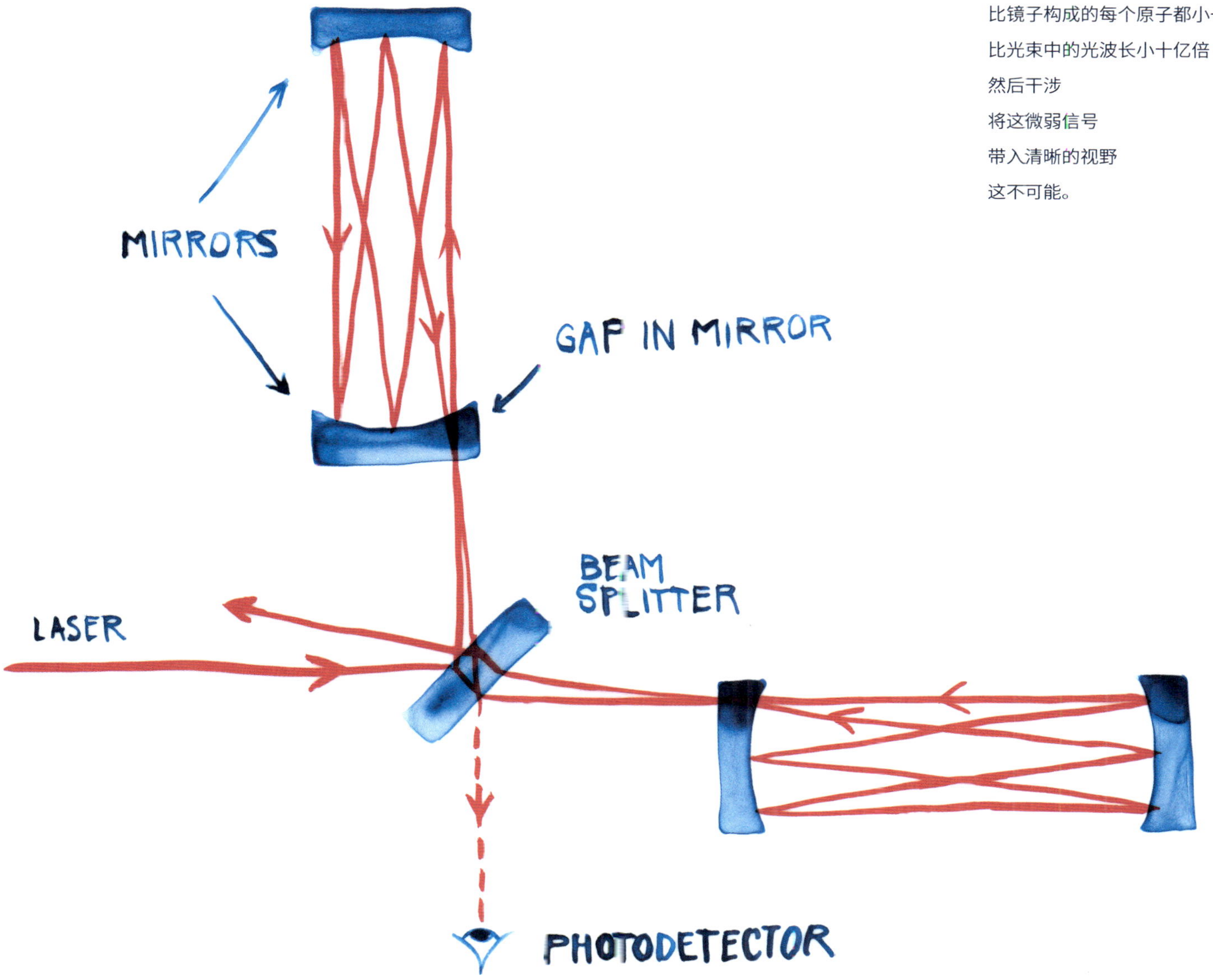

不可能
不可能
不可能。
引力波使那四面镜子移动
相当于质子宽度的百分之一
比镜子构成的每个原子都小一百万倍
比光束中的光波长小十亿倍
然后干涉
将这微弱信号
带入清晰的视野
这不可能。

/ 但随后我研究了雷纳的手稿
他的见解深刻、实用。
预测了怪兽可能面临的最严重的噪声
并构思了应对每种噪声的技术
计算了经处理后
能把每种危险噪声变成多小。

他的分析是一个精美绝伦的杰作
在研究了手稿并与雷纳交谈后
我很快就被说服了。

“尽管风险极高，但这可能会成功”，
我评论道。
“而如果成功了，
对我们人类理解宇宙
将会是巨大的回报。”

1976 年底的一个深夜
我在圣马力诺街上徘徊了几个小时
思考着可怕的风险
人力和财力成本
以及如果我们的赌注能够成功的话
那份巨大的回报
还有乐趣，巨大的乐趣
与志同道合的人一起进行几十年的努力
一起追求我们的梦想。

在漫无目标的徘徊结束时
在那深夜
我决心尽我所能与我的学生们一起
帮助雷纳·韦斯
和他的麻省理工团队取得成功。

/ 接下来四十年的传奇
以无数的方式被记录下来。

这是一段激烈的奋斗史
在这段历史中，我和雷纳建立了一种个人的纽带
见解深刻而实际的雷纳
很快成了我跨越整个北美大陆的灵魂伴侣。

我们一起努力
去征服巨大的障碍。
解决方案源自雷纳富有创造力的头脑。
我们把充满创造力的控制狂罗纳德·德雷弗
从苏格兰引介到
加州理工学院的干涉仪团队。

1984 年，雷纳、罗恩和我共同工作
创立了 LIGO 项目
一个由雷纳所在的麻省理工学院
和我所在的加州理工学院共同努力的结果。

整个 80 年代直至 90 年代
四支由几十人组成的团队
在多个实验室奋斗
在格拉斯哥和慕尼黑
麻省理工学院和加州理工学院
完善 LIGO 的技术和实验技巧。

在我们的奋斗中至关重要的是
来自理查德·艾萨克森（Richard Isaacson）的指导
他是我们在美国国家科学基金会的
明智而狡猾的顾问
是我们重要的财政支持来源。

还有来自罗比·沃格特（Robbie Vogt）的领导
他坚定且充满魅力
将我们这群分散的科学家
转变成一个统一的团队
并赢得了我们这个冒险的追求所需的
数以亿计美元的资金
这些来自美国公民的税款
通过美国国家科学基金会、美国国会和总统获得。

/ 在 90 年代初期
我们面临激烈的政治斗争和
爆炸性的个人冲突
直到我们吸引
加州理工学院的巴里 · 巴里什（Barry Barish）
来领导并改造我们的探寻。

杰出的领袖巴里
平息了我们的个人冲突
避开了我们的政治对手。

他知道我们复杂的探寻
需要一个大得多的团队
比我们想象得还要大。
一支人才济济的队伍
千人齐聚
来自十多个国家
这是一次伟大的国际探寻。

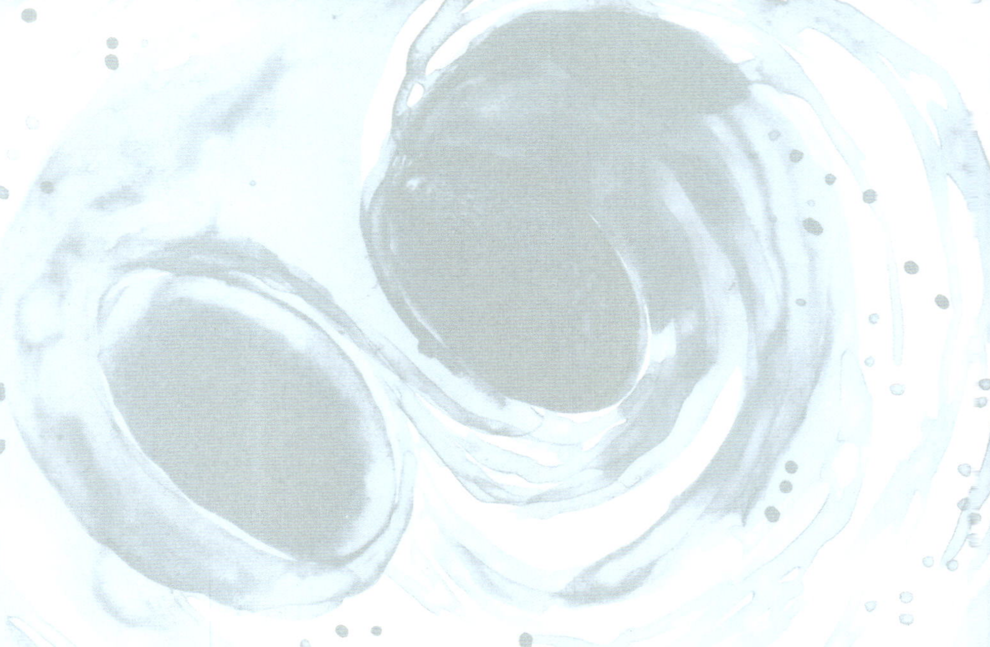

从 20 世纪 90 年代末到 2015 年
巴里和他的继任者们
组建了我们的队伍——然后
建造了庞然巨物。
这些仪器如此复杂
十万个数据通道监控着可能出现的
一切复杂情况
一百名物理学大师
在贝奥武夫计算机群上模拟黑洞碰撞。

在这个光荣的探寻中共同工作
是多么纯粹而巨大的快乐。

一切在 2015 年的一个星期一得以实现
2015 年 9 月 14 日
LIGO 的第一个信号传来了——
碰撞的黑洞和时空风暴。

/ 在我们四十年的探寻结束之际
当第一个信号传来时
我们是什么感受？
当我们确定它是真实的时候
又是什么感受？

那支由上千名天才组成的队伍
男男女女都欢庆雀跃。

但对我来说不需要庆祝。
没有兴奋。没有高潮。没有欢愉。
只有一种感觉
一种深深的满足感
因为我明智地选择了
将我的努力与学生的才华
所投入的地方。

对于具有深刻洞见而又讲求实际的雷纳
LIGO 的首席设计师来说呢？
完满的、深刻的宽慰。

我们已花费了十亿美元
这是来自同胞的钱。
并招募了一支女性和男性组成的队伍
展开我们堂吉诃德式的追求。
随着我们的追求
一年又一年地拖延
雷纳的罪恶感不断增加。

那第一个引力波——
碰撞的黑洞和时空风暴
终于带来了辉煌的宽慰。

尾声：一个电话

在 2017 年 10 月 3 日
周二凌晨 2 点 15 分
我被电话的铃声惊醒。

一个欢快的声音在电话那头说道：
“你不必感到惊讶，
今年的诺贝尔物理学奖
授予了你、雷纳·韦斯
还有巴里·巴里什
以表彰你们对 LIGO 探测器
和对引力波首次观测的贡献。”

事实上，我一点也不感到惊讶
甚至有些失望，我说：
“这个奖应该颁给
整个 LIGO 团队，
那支由千百名女性和男性组成的队伍
是他们使我们的梦想成真。”

总有一天，诺贝尔奖委员会
将承担起他们的责任
向世界传达
大型合作团队的力量和喜悦。

一些伟大的人类追求
从吉萨金字塔、敦刻尔克
到斯普特尼克卫星和 LIGO
只能通过成千上万人的合作
共同朝着几乎不可能实现的目标努力。

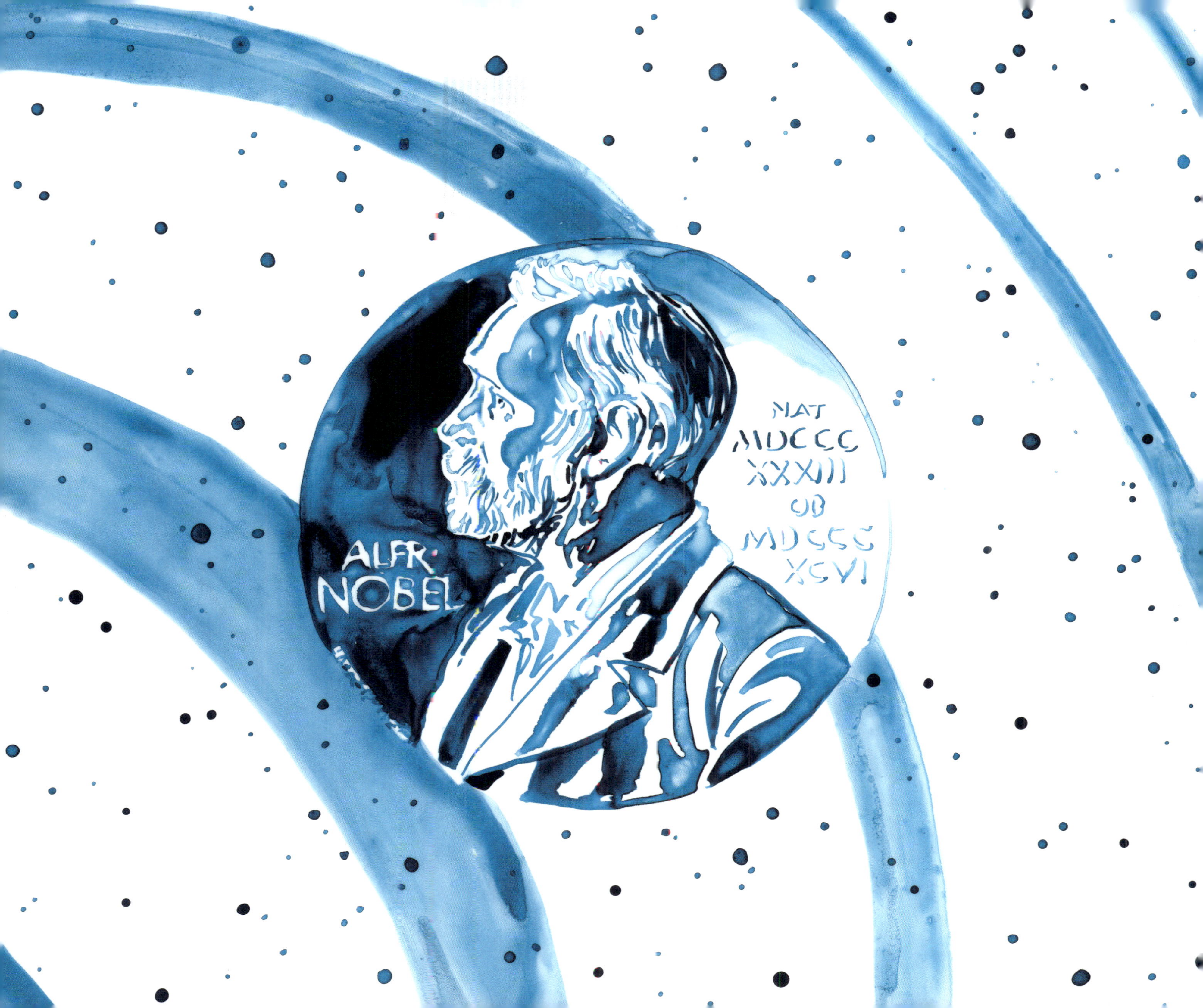
ALFR NOBEL
NAT MDCCC XXXIII OB MDCCC XCVI

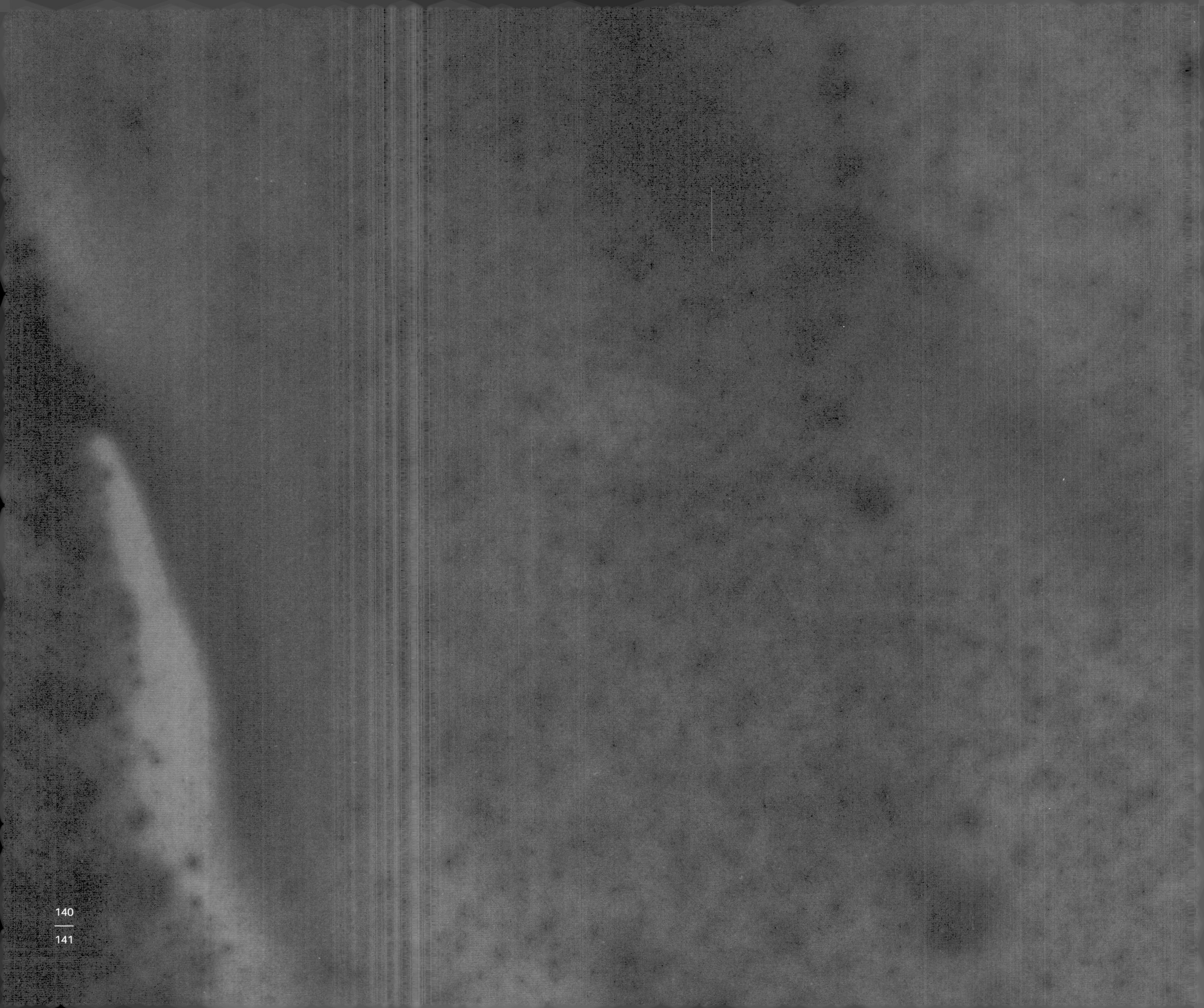

THE WARPED SIDE OF OUR UNIVERSE

04

用引力波探测宇宙的卷曲

理想的工具

/ 没有比这更好的工具
没有比引力波更好的工具
来探索卷曲侧的景观——
由卷曲的时空制造而成的波
因此它们本身就存在于卷曲侧。

我们能从引力波中获得
关于卷曲侧的什么洞见？
除了碰撞黑洞造成的时空风暴
这些波还会揭示什么？

我将用七段小插曲
来说明我们对引力波天文学的愿景。

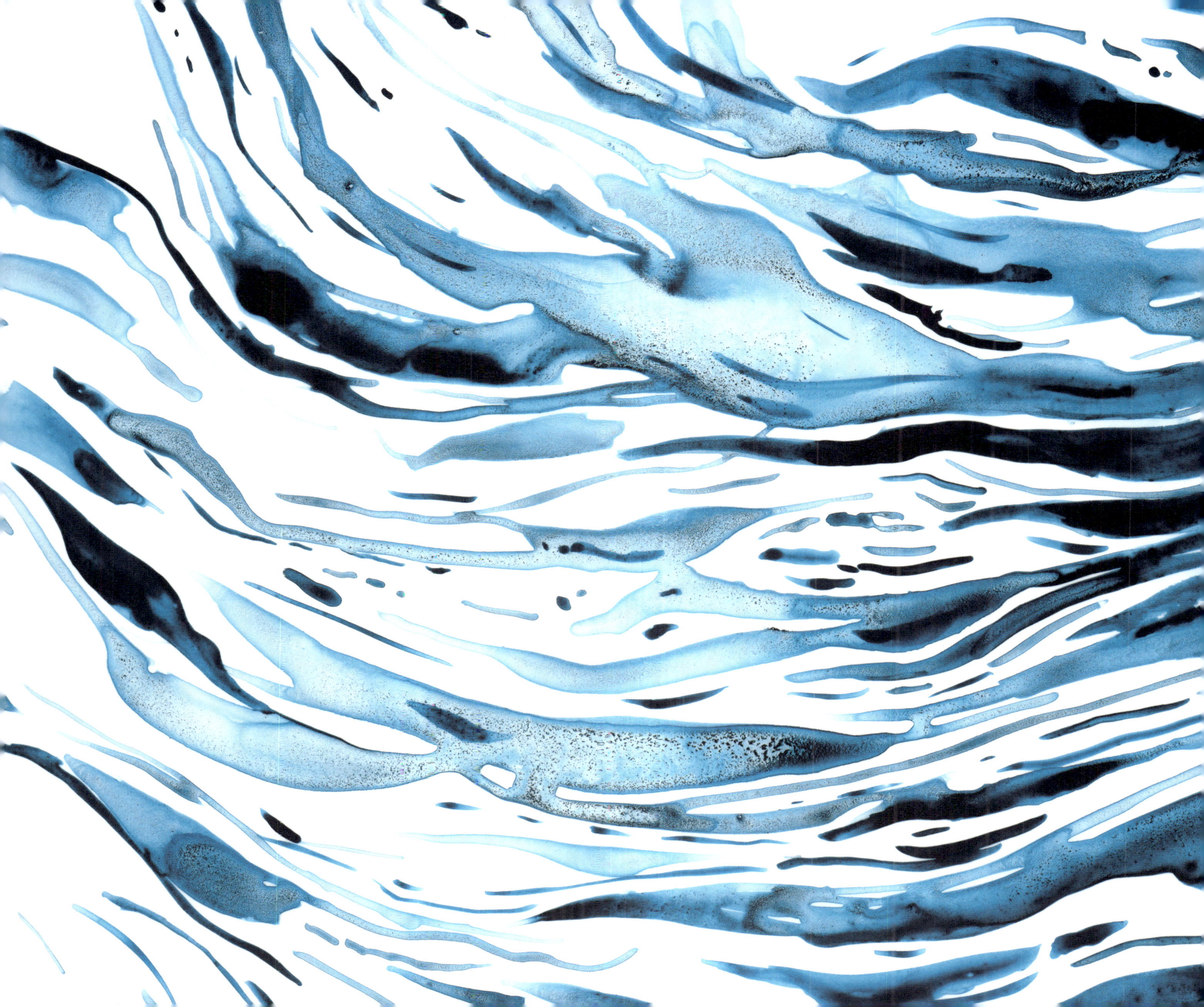

第一段插曲：中子星相撞

想象一个由核物质组成的恒星
原子核紧密排列
然后被压缩得更加紧密——
一个真正的中子海洋。

从恒星核心中取出一点
就重达十亿吨。

这颗中子星的质量
和我们的太阳相同
被其引力拉扯而压缩
成一个超密集的球
比荷兰阿姆斯特丹小。

这样的中子星是完全真实的
它们是日常恒星的垂死余烬。
那些恒星很久很久以前
就耗尽了它们的核燃料
无法再保持自身的热量
坍缩成了阿姆斯特丹的大小
核力阻止了它们的坍缩
平衡了引力。

中子星不仅由
其中子海组成
还有卷曲的时空。

它是一种混合物，栖息在
我们美妙宇宙的卷曲和物质两侧。

/

一亿年前
在一个不远的星系中
两颗中子星环绕着彼此旋转
在它们身后拉出
旋臂中纠缠着涡旋和伸拽——
引力波。

当波从星体的轨道中吸取能量时
星体就向内螺旋
沿着相撞的轨道
以光速的一半相撞。

这场残酷的碰撞
融合了星体
产生了足以填满数百个地球的
黄金和铂金
并创造了一个明亮的火球
闪耀着各种形式的电磁波——
无线电波和微波
红外线、紫外线和 X 射线
γ 射线甚至更多。

/ 所有这些电磁波
以及所有的引力波
一起以光速流动
穿越宇宙
在它们的振荡中携带
中子星的细节
和恒星的碰撞
它们的铂金，它们的黄金
它们的火球，它们的命运。

这些波在 2017 年 8 月 17 日
抵达地球
它们的到来意义重大。
这是人类天文学历史上
被最热烈研究的事件
它激发了全世界人们的想象力
并预示着多信使天文学的诞生。

信使就是波——
引力波和电磁波
一起穿越星际空间
到达地球。

这第一幅图景不过是一个梦想
直到 2017 年
宇宙如此强烈地
将我们的梦想变成了现实。

第二段插曲：

黑洞将一颗恒星拉成细线

想象一个中子星
正在绕着一个旋转的黑洞
进行轨道舞蹈
一个只比中子星本身
大不了多少的黑洞。

当黑洞和星体一起环绕时
它们一起发出引力波
纠缠着伸拽的旋臂。

波向外和向后飘荡
从轨道舞蹈中吸取能量
黑洞和星体越来越近
它们的轨道舞蹈加快了速度。

与黑洞结合的伸拽
沿着它们的长度拉伸星体
就像束紧它两侧的束腰
随着星体和黑洞的接近
拉伸和束紧变得更加剧烈——
将星体拉成细线！

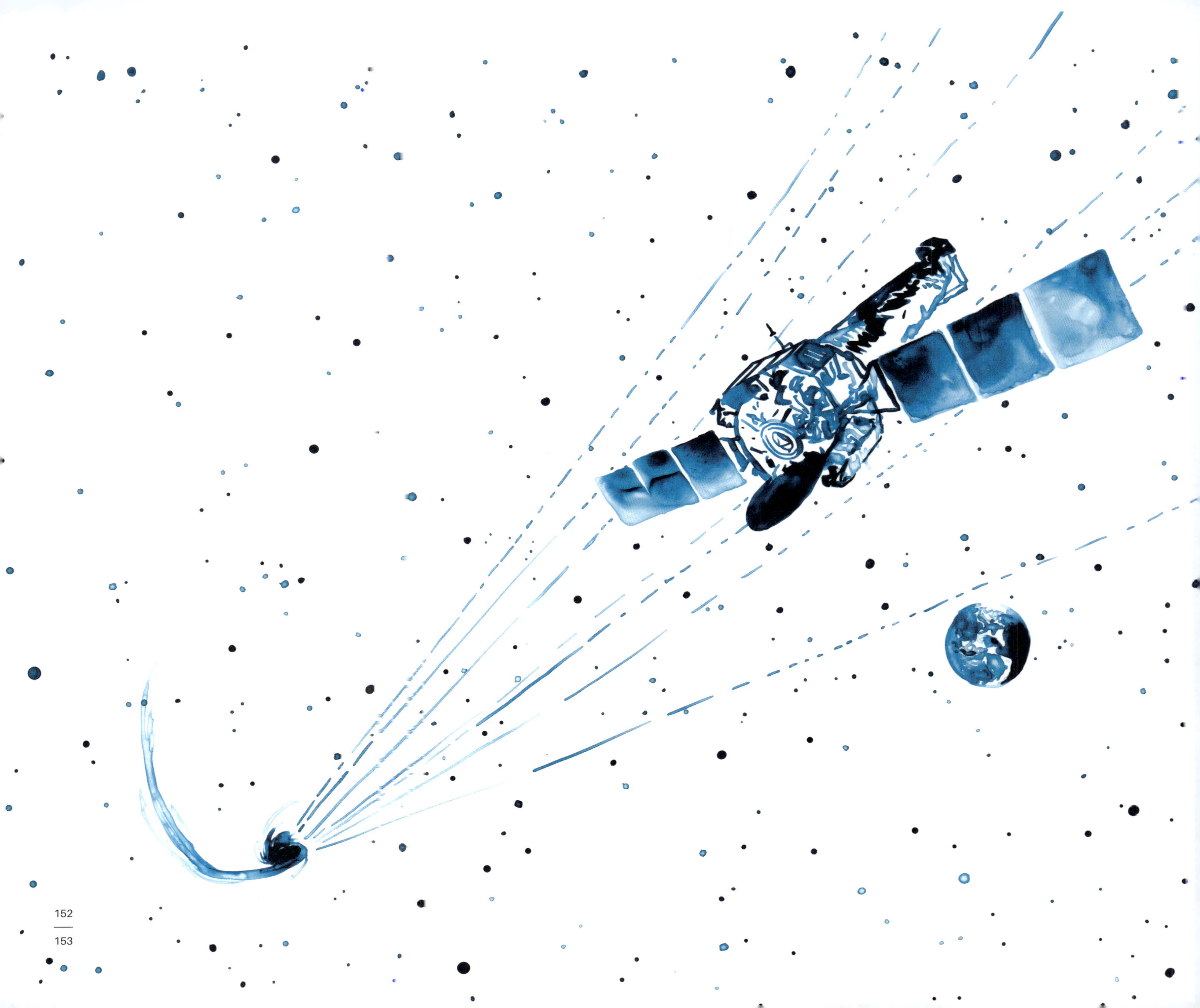

星体的超热核心
暴露在太空的黑暗中
闪耀着强烈的 X 射线和 γ 射线
跟着引力波一起朝地球飞来。

光线和引力波一起组成
一个多信使的宝库。

这个超级丰富的数据宝藏
流入 LIGO 和望远镜
最后由计算机将数据转换成图片。

一个贪婪的黑洞将一颗中子星同伴
拉成细线
其余渣滓则辐射出来
贪婪之洞吞满食物。

今天的故事还只是一个寓言
一个多信使的寓言
但很快我们奇妙的宇宙
将使这个寓言成真
它会的
我确信它会。

第三段插曲：

激光干涉空间天线（LISA）

/ 想象一道光波
从波峰到波峰一微米
将这道波伸展一百万倍
从波峰到波峰变成一米
变成了一种无线电波。

想象一个引力波
适合 LIGO 观测
从波峰到波峰一千千米
大约是产生了引力波的碰撞黑洞的大小
将这个波伸展一百万倍
从波峰到波峰十亿千米
它的振荡现在太慢了
以至于 LIGO 无法感觉到。

这些波是由太阳质量重达百万的碰撞黑洞产生的
这些巨大的黑洞栖息在遥远星系的核心。

为了感受这些波并解码它们
我的物理学家朋友们正在计划
围绕太阳轨道运行三艘航天器
通过百万千米长的红外激光束连接它们。

激光干涉空间天线。

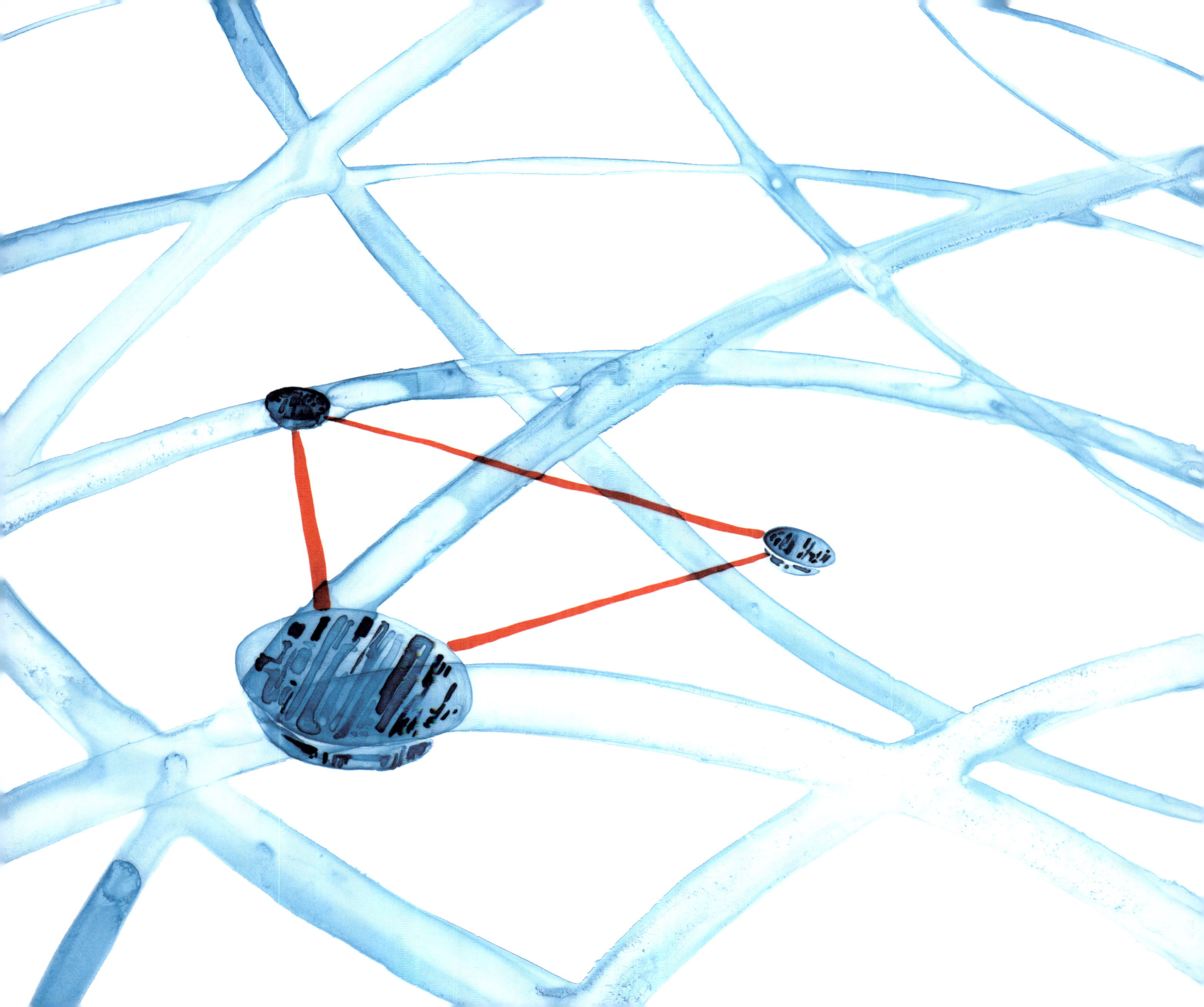

第四段插曲：用 LISA 绘制黑洞地图

/ 想象一个中子星的轨道舞蹈
围绕着一个巨大的黑洞——
比恒星大得多。

一个如此巨大的黑洞
将会在洞的伸拽将恒星撕裂之前将其吞噬
因此，恒星在其轨道舞蹈中仍然保持着完整——
一个微小而沉重的球体。

复杂的舞蹈由黑洞的引力牵引
和黑洞卷曲的时空
和黑洞扭转的涡旋
与拉伸和挤压的伸拽
所有这些都在共谋
扭曲恒星的轨道舞蹈
使其弯曲得奇怪而狂野。

恒星急速下坠
接近视界
在那里不断旋转
转了又转
同时螺旋上升
奔向黑洞之北极
然后又螺旋下去
飞速向外移动
远离黑洞的视界
并减缓成慵懒的漂移
慢吞吞的、慵懒的弧线。

然后再次加速向里急速下坠
越来越快，直到
它紧贴视界周围猛烈旋转
进行更多、更加疯狂的转动。

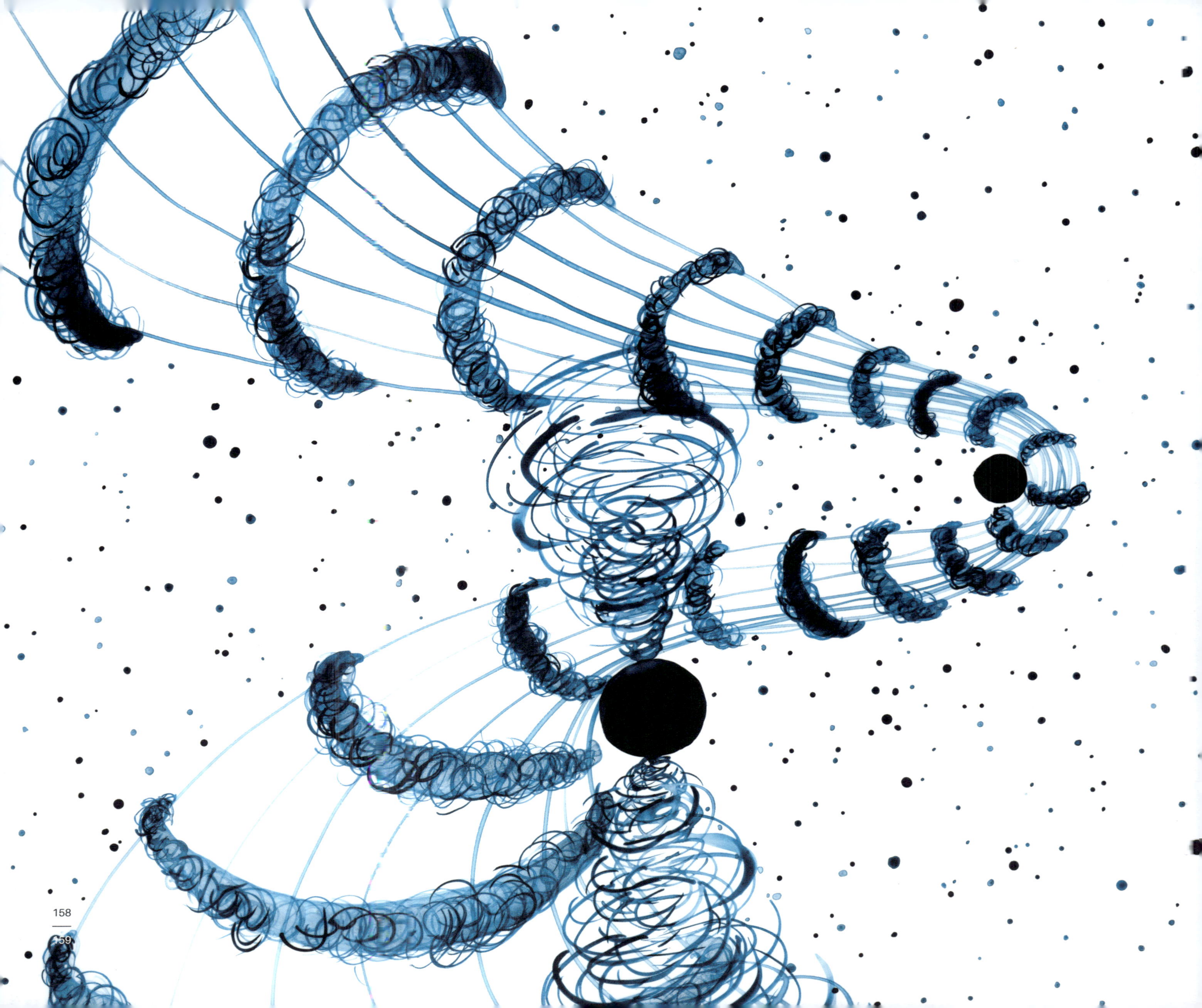

/ 当星体进行这种舞蹈时
就像一只蜗牛，它在身后拉着
引力波
纠缠着涡旋和伸曳，一起编码了
星体古怪的轨道画像
和黑洞完整的卷曲时空图。

其漏斗的形状
就如宇宙体生物所见
其怪异的时间卷曲的模式——
这里慢吞吞，那里急促促
以及其涡旋和所有伸拽的大小和形状
都绑定在洞的视界上。

旋转黑洞的所有特征都编码在引力波中
被传送到地球供 LISA 监测和解码
并译成我们宇宙卷曲侧的图像。

第五段插曲：

裸奇点

/ 栖息在黑洞内部的
混沌奇点
确实是不寻常的怪物。
它们的伸拽和挤压
剧烈卷曲
以爆发性的指数级增长
产生致命的威胁——
对人、对原子、对时空。

但它们被黑洞的视界所掩盖
在我们宇宙中隐藏起来
没有任何东西可以逃脱
引力波不行
光不行
任何类型的信息都不行。

更奇妙的是
一个裸奇点
没有任何视界遮掩
对整个宇宙都可见
对我可见
我多么希望能够看到一个。

/ 控制我们宇宙的法则
是否会产生这样的奇点?
允许它们的存在?
允许它们的诞生和持续?

啊，我们还没聪明到
可以找出答案。
但 LIGO 和 LISA 可以搜寻它们——
裸奇点。

假设一个中子星或一个小黑洞
围绕其中一个转动
奇点的伸拽
将抓住这星或洞
并且通过其扭曲的涡旋
将轨道疯狂扭转
产生奇怪的引力波。

那些波将携带一张
裸奇点地图
其弯曲空间的形状
其疯狂加快和减缓的时间
所有弯折的伸拽
和每一个卷曲的涡旋。

关于裸奇点的所有信息
除了其量子引力核心
都被编码在引力波中
不容易提取
但对于 LISA 来说是一项了不起的追求。

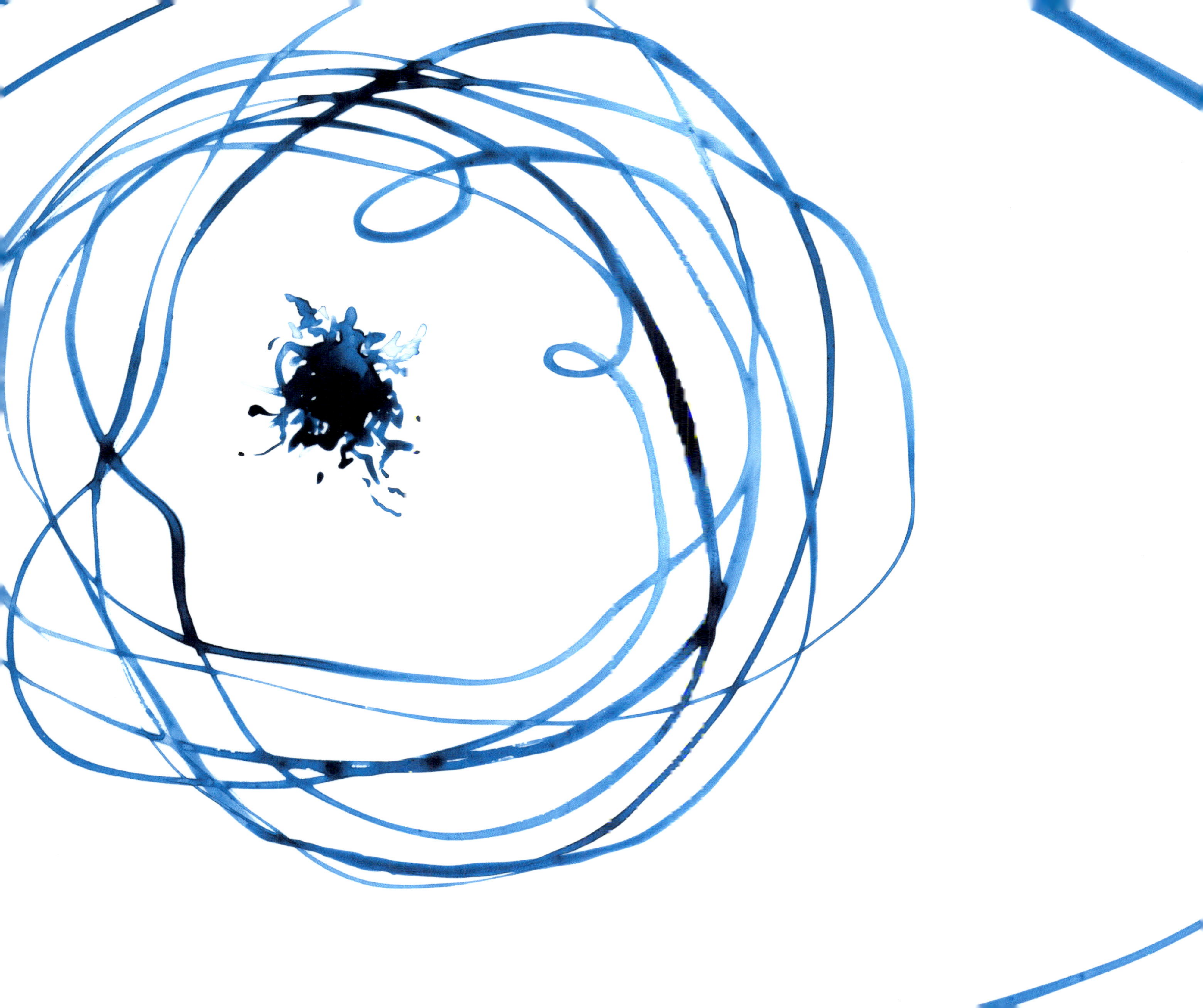

第六段插曲：
我们宇宙的大爆炸诞生

我们的宇宙是如何诞生的？
它是如何形成的？
宗教给出了数千种截然不同的答案
每一个答案都被其信徒们坚定地相信
但科学又怎么说呢？

天文学家观察到的星系
都在迅速地远离彼此
被一百三十亿年[①]前的一次巨大爆炸所推动。
他们称之为大爆炸。

物理学家探索爱因斯坦的定律
这些定律统治着卷曲的时空
推断一百三十亿年前
一定存在一次真正的大爆炸。

我们的宇宙肯定是在
一个大爆炸的奇点中诞生的
由我们尚在努力理解的
量子引力定律所统治。

一个大爆炸的奇点
其量子引力核心
创造了空间
创造了时间
创造了所有原始物质
我们宇宙中的一切
从中涌现出来
并演变成我们所看到的模式。

① 原文如此，目前测量数据给出的值在一百三十八亿年左右，有一定误差。——译者注

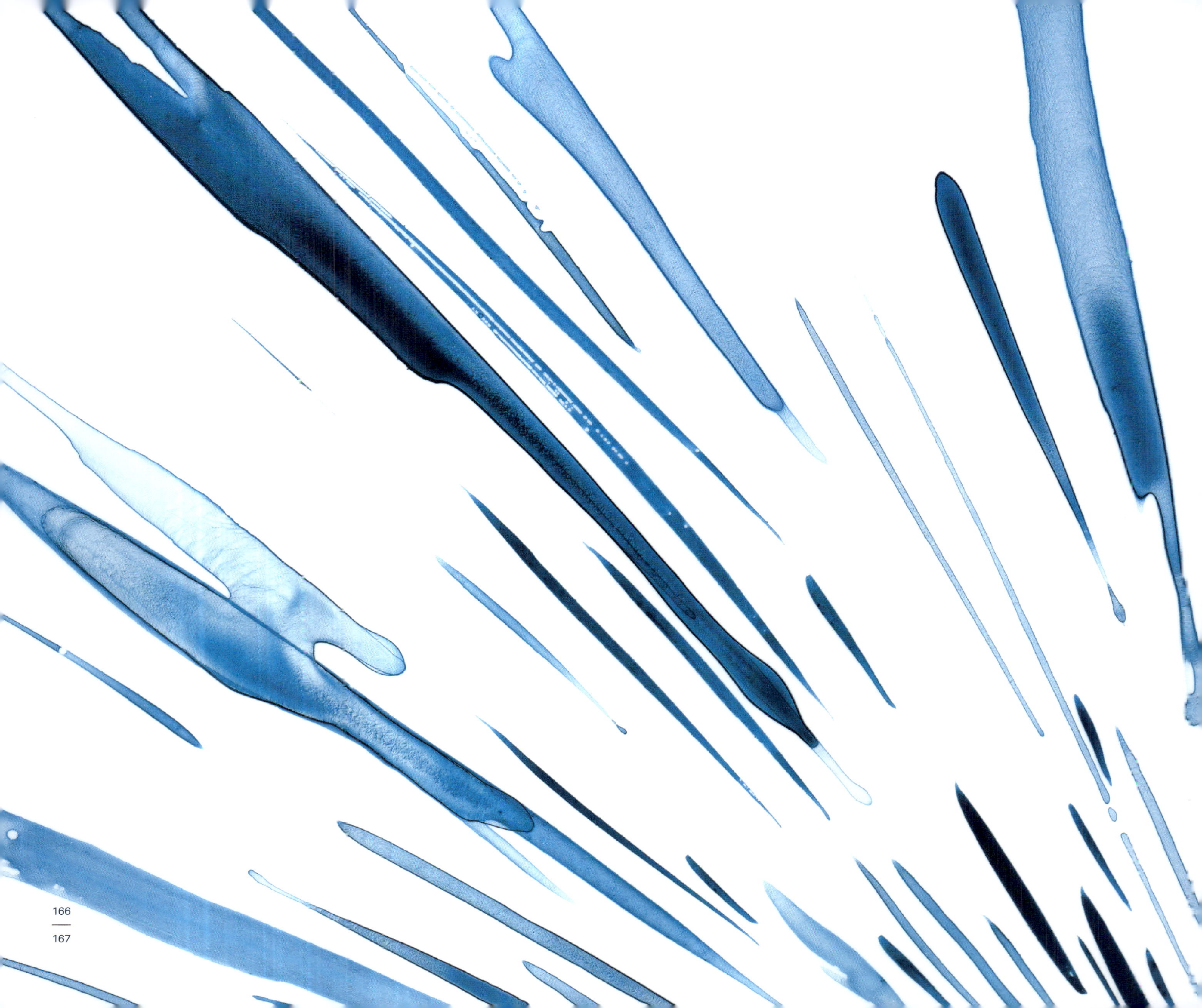

宇宙大爆炸奇点的
终极本质是什么？
它如何表现？
它如何创造？
它又是如何形成？

这些答案被量子引力定律紧握手中
这些定律是今天物理学家
仍在追寻的圣杯。

大爆炸奇点的部分本质
或许今天还存留着
深深地编码在原初引力波化石中。
由狂野的大爆炸产生的引力波
穿透它们所遇到的一切。

保留着关于奇点知识的化石
幸存下来、毫发无损
当它们穿过
新生宇宙的超级密集等离子体[1]
又穿过诞生中的星系
一直延伸到我们的地球
编码着存在之谜的秘密。

通过原初引力波来探究这些奥秘
已经吸引了科学家们半个世纪。

① 宇宙早期时普通物质以等离子体形式存在，随着宇宙膨胀冷却后，等离子体内的自由电子与原子核结合成原子，等离子体复合为普通中性气体。——译者注

一支由天体物理学家组成的队伍
LIGO 队伍的盟友
已经辛勤工作了整整三十年
潜心研究一种全新的、激进的
优雅的引力波探测器。

这种探测器旨在捕捉原初引力波
其波长真正巨大
长达数亿光年
仅比我们所见的宇宙小十到百倍。

很久以前，当我们的宇宙
只有三十多万岁时
那是在第一代恒星和星系诞生之前
这些巨大的引力波
在宇宙微波的偏振上留下了痕迹[①]。

这些微波偏振上的化石
编码了大爆炸的秘密
揭示了存在的奥秘。

这支天体物理学家的队伍
正在寻找这些痕迹
使用微波望远镜
其中一些绕着地球轨道运行
一些则被置于南极洲
或阿塔卡马沙漠中。

成功可能会在几年后出现
我希望
我相信
我希望。

---

① 即宇宙微波背景辐射中的所谓“B 模式”偏振。——译者注。

/ 而物理学家们则规划着在 21 世纪中叶
一款更加雄心勃勃的引力波探测器
BBO——大爆炸观测者。

它将是 LISA 的巨大继承者
由二十四束光连接着一个航天器编队
摆放在地球绕太阳轨道的战略位置上。

它将探寻那些波长不超过
四十万千米的原初引力波
刚好是地球到月球的距离。

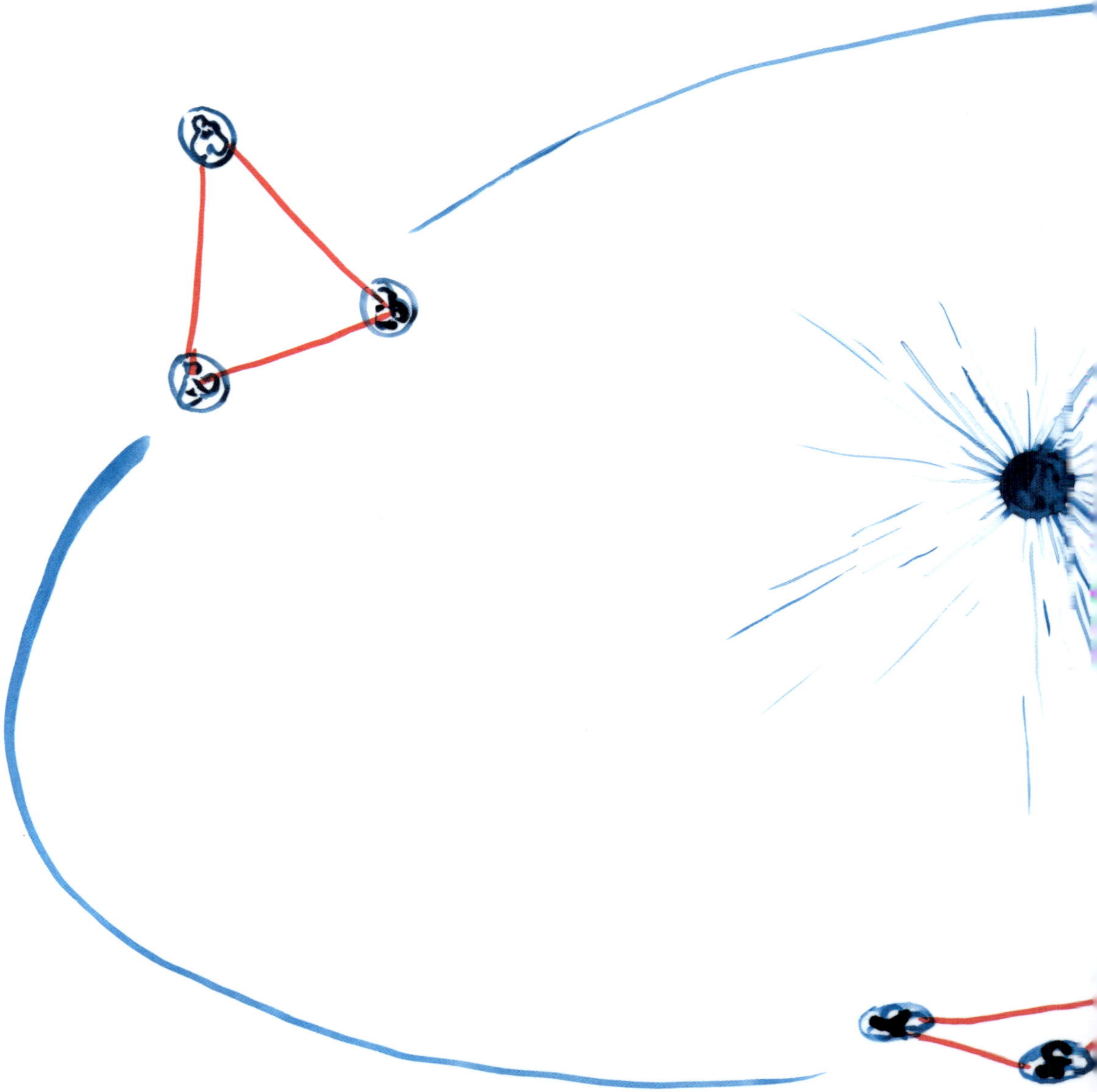

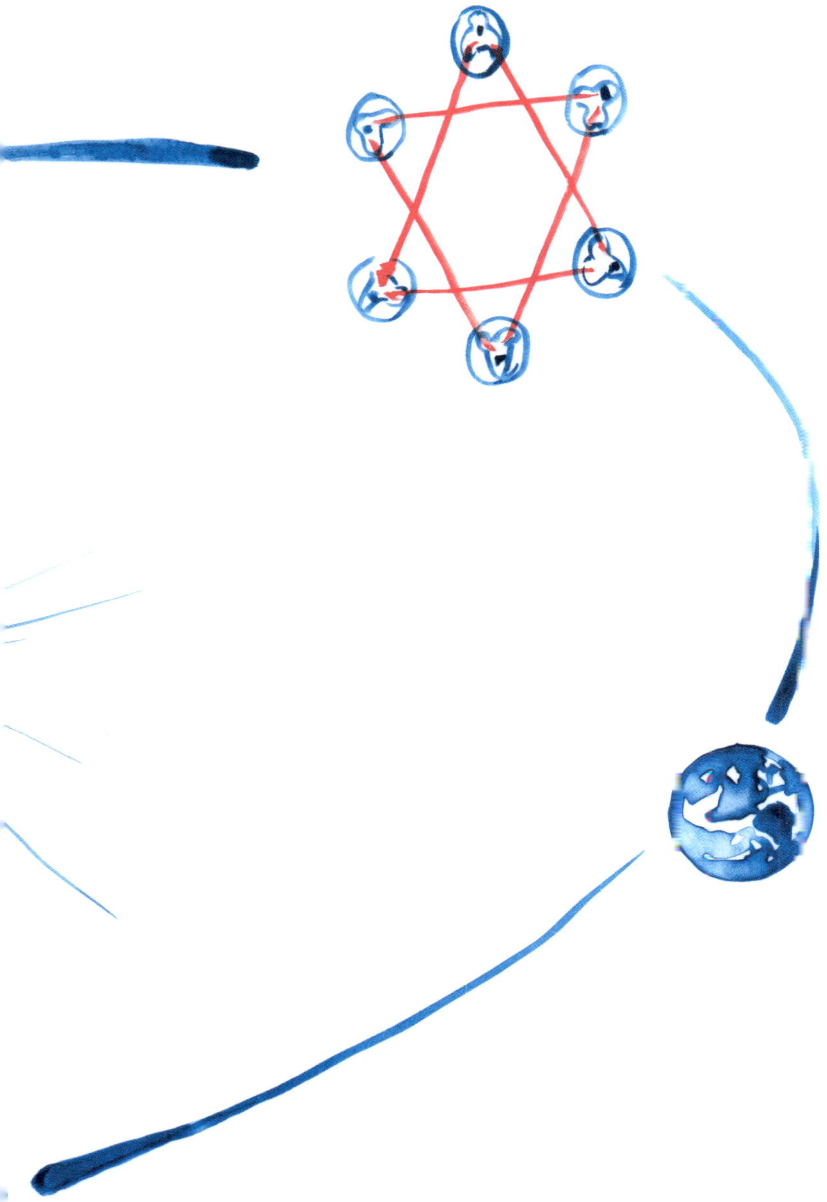

通过比较BBO与引力波得出的大爆炸秘密
和微波偏振测得的巨大波长的引力波
我们期望能够更深入地了解
我们宇宙的诞生之谜
以及存在的奥秘
这比单独从BBO或单独从偏振中
获得的知识要多得多。

我热切地期待着不一致
BBO和微波偏振的严重分歧
因为那将预示
人类对宇宙诞生的理解
将发生极端的革命。

第七段插曲：
宇宙弦

/ 量子引力的法则看来很可能是
弦理论的某种延伸
那会深刻揭示现实的本质。

这个弦理论告诉我们什么？

原子由电子绕着质子和中子轨道运动而成
而这些粒子全部都是由微小精致的振动“弦”构成
就像振动的橡皮筋。

当我们的宇宙还极其年轻时
一些这样的弦
或许已经膨胀
伸展至宇宙尺度
成为宇宙弦。

极度纤细
极度紧张
弯曲的“橡皮筋”
能够横跨整个宇宙。

这些宇宙弦
如果它们确实存在
势必相互碰撞，形成锋利的尖点
然后沿着弦飞驰
产生引力波。

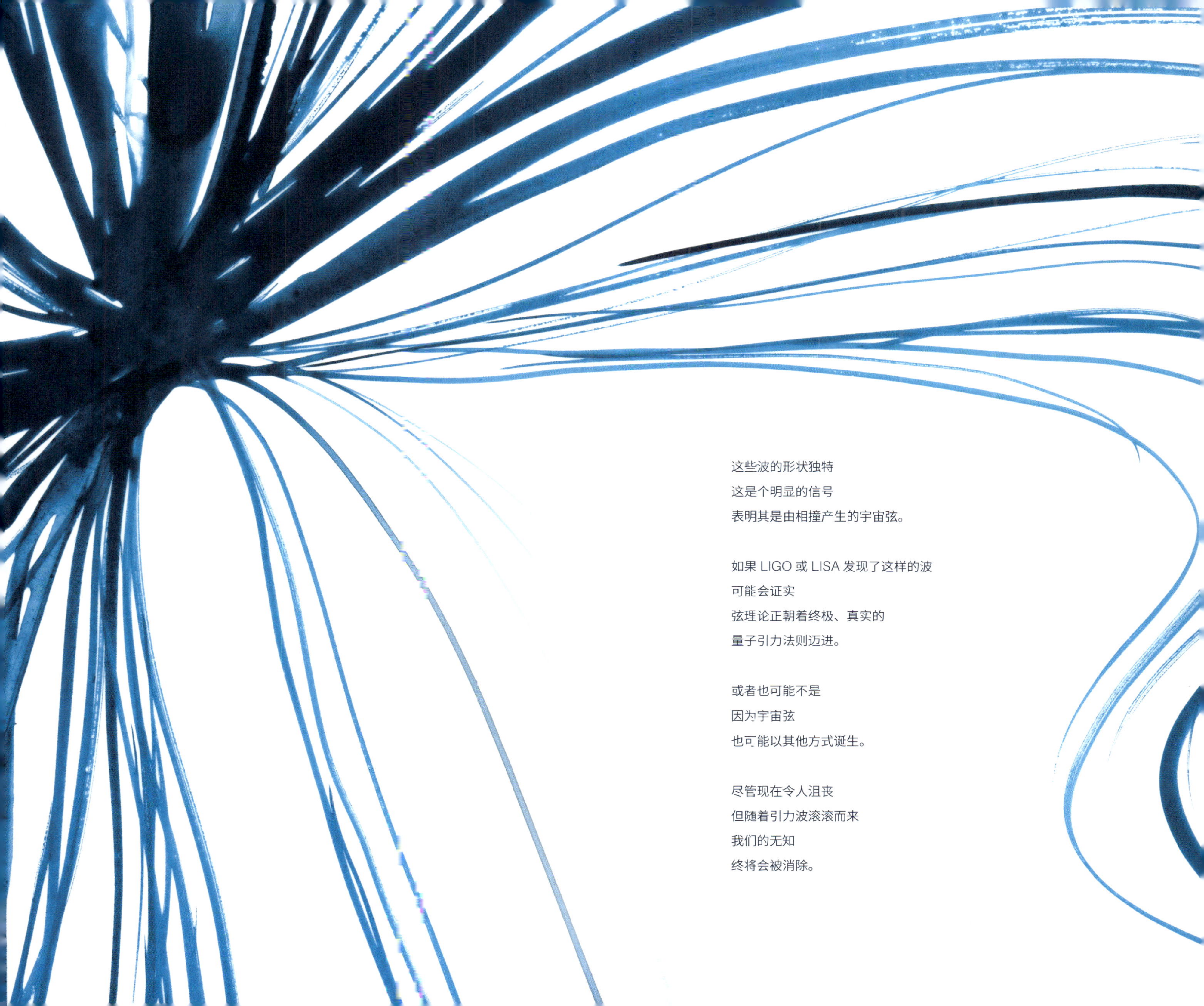

这些波的形状独特
这是个明显的信号
表明其是由相撞产生的宇宙弦。

如果 LIGO 或 LISA 发现了这样的波
可能会证实
弦理论正朝着终极、真实的
量子引力法则迈进。

或者也可能不是
因为宇宙弦
也可能以其他方式诞生。

尽管现在令人沮丧
但随着引力波滚滚而来
我们的无知
终将会被消除。

THE WARPED SIDE OF OUR UNIVERSE

05

梦想的愿景

欣喜！

何等令人满足的喜悦！

我在 1972 年开始梦想的愿景

在与物理学家朋友们共同发展了多年

终于成真！

引力波天文学

正开始彻底改变

人类对我们所生活的宇宙的理解

当然，还有我们的家园。

未来对宇宙引力波的观测

可能会深入探索

宁静黑洞的丰富和怪异之处

它们那卷曲空间中的漏斗

宇宙体中的涡旋

它们的伸拽

它们的时间在黑洞的视界处

减缓到停止。

被黑洞撕裂的伴星

沿着宇宙弦加速的尖峰

裸奇点——

如果存在的话

以及我们宇宙大爆炸的诞生。

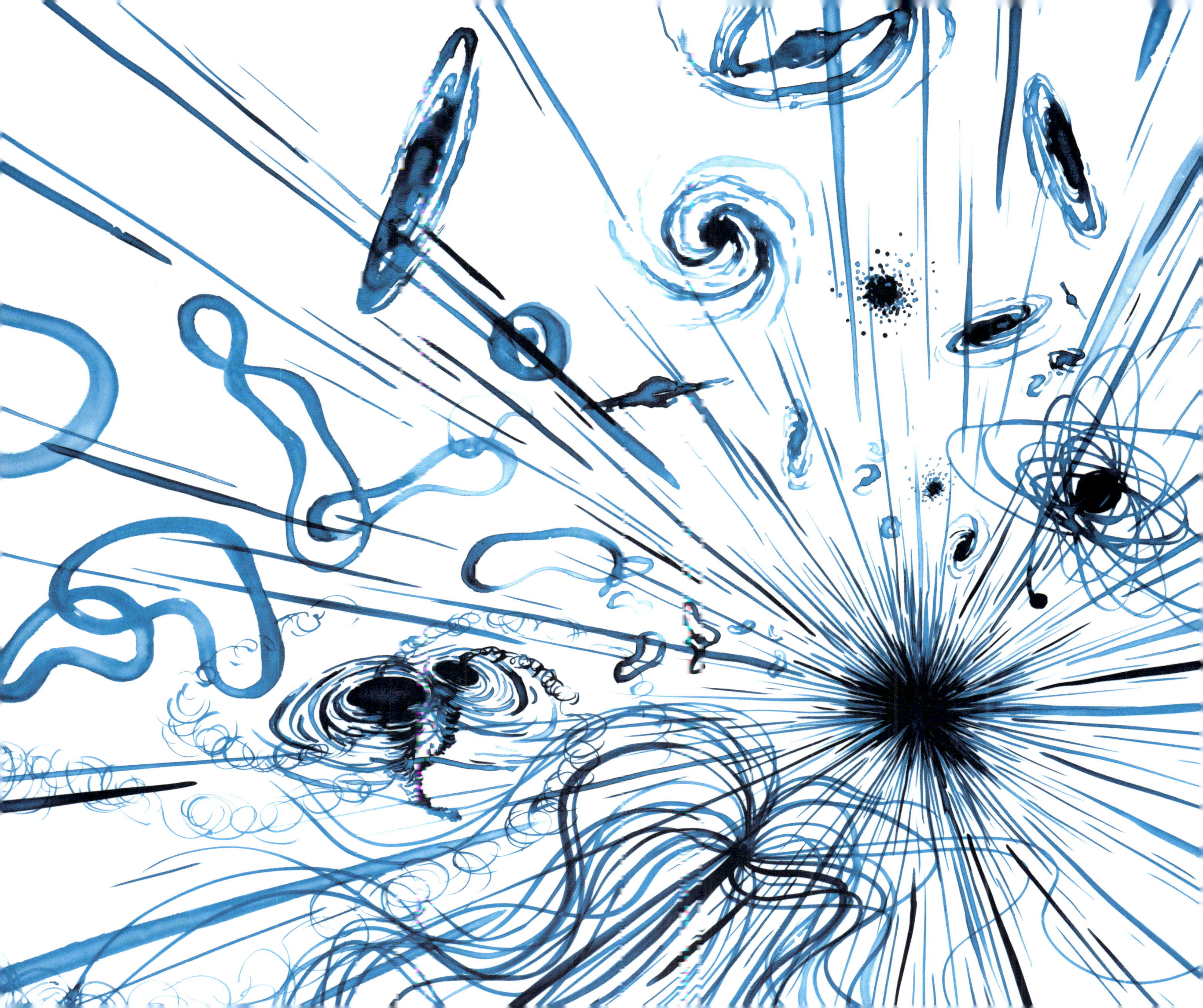

然而尤其鼓舞人心的
是一个闪耀的愿景
引力波必将带来
巨大的惊喜
它的性质今天我们还无法想象
正如伽利略从未能预见
类星体，脉冲星与星系
我们的宇宙及其大爆炸诞生。

量子引力：
物理学的圣杯

/ 量子引力的定律
是物理学家追求的圣杯
我们最伟大的探索
也是宇宙卷曲侧的最终裁决者。

它们控制每个黑洞内部的奇点
它们控制每个裸奇点的核心
如果我们的宇宙中存在奇点。

它们控制时间机器的命运
它们控制宇宙弦的诞生
它们控制我们宇宙的诞生
控制着如此之多的事情。

我们只有在物理学家们
弄清楚这些定律的时候
才能完全理解
我们宇宙的卷曲侧。

这是下一代物理学家最伟大的探索
也许是整个物理学史上最伟大的探索。
过去，现在，未来。

但是找到并确认
量子引力定律
不能仅通过理论来实现。
我们必须在真实的宇宙中
看到这些定律的作用。

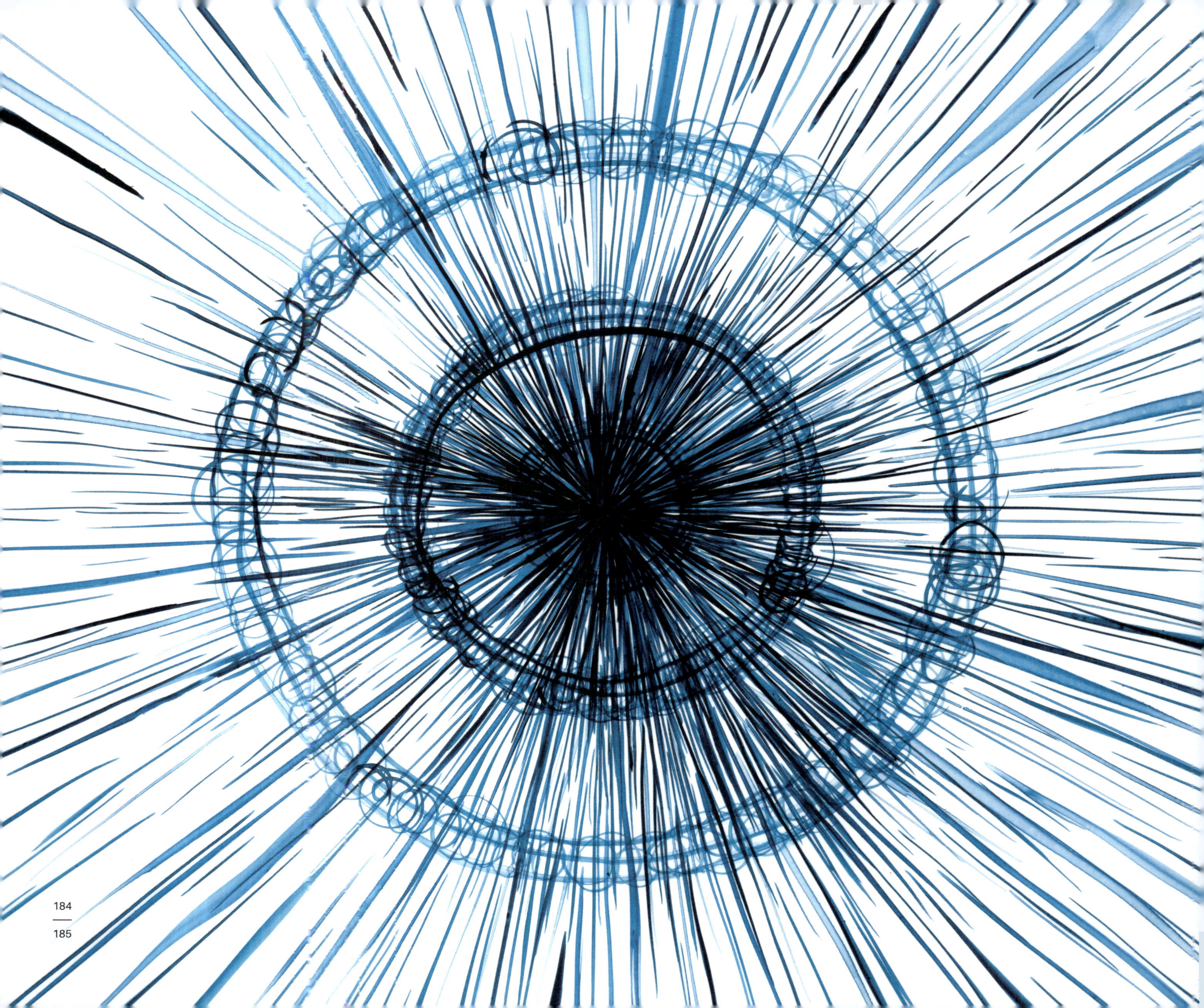

在地球上的实验室里
量子引力的效应
可能微小到难以察觉
在恒星和行星
星云、星系和类星体中
也是如此。

更好的办法是在
它们主导的地方
探索量子引力的定律。

在黑洞里？
从那里永远也不会有信号发出来。

在裸奇点里？
找到一个的希望非常渺茫。

在时间机器里？
我们没有，而且很可能永远也不会有。

在宇宙弦的诞生中？
也许……
在我们宇宙的大爆炸诞生中
大爆炸奇点
才是我们最大的希望！

但是原始时代地狱般的炽热
和极度密集的等离子体
吸收了自然可以产生的几乎所有信号
几乎所有信号
除了能够穿透一切的有巨大功率的引力波。

所以，我们最激动人心的追求
是发现和确认量子引力定律
通过理论家的[illegible]计和原始引力波的协助
来自大爆炸的引力波
我们美妙宇宙的诞生
也许在 2020 年左右能通过微波偏振观测到
或者在 21 世纪中叶
被巨大的 BBO 探测到。

通过这种理论和引力波观测的结合
以及数十年的物理学家的奋斗
我们最终将理解和掌握
那物理学的圣杯

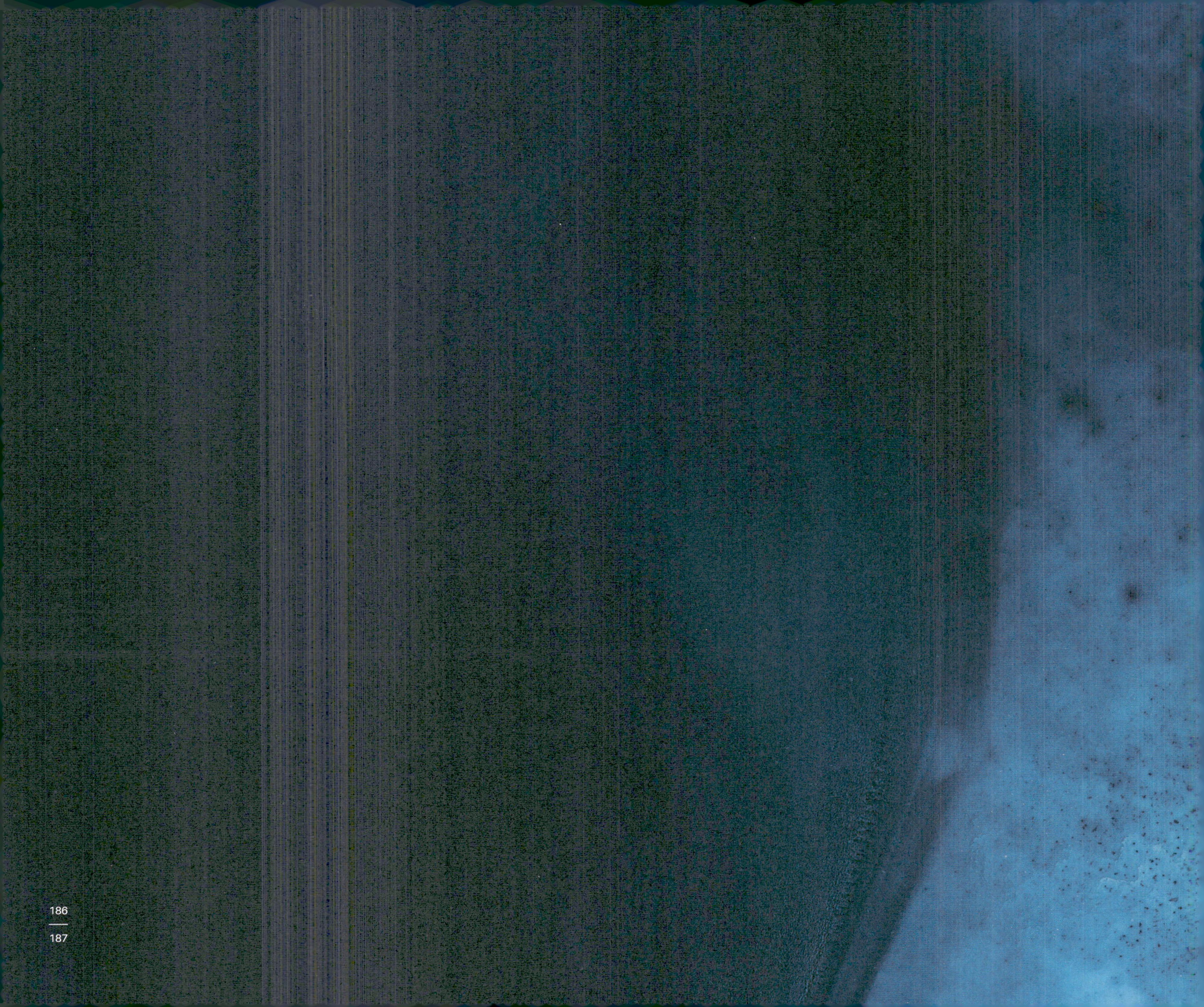

THE WARPED SIDE OF OUR UNIVERSE

尾声

我们如何知道这一切

序 幕 / 我们的宇宙千变万化，浩瀚无垠

1915 年，阿尔伯特·爱因斯坦构建了他的广义相对论：一套描述空间和时间如何被我们宇宙的物质和能量卷曲的物理定律。自那时起的一个世纪里，这些定律已经以很高的精度检验过[1]，并且在所有检验中都表现出色。此外，在过去的一个世纪里，我们物理学家深入研究了爱因斯坦的定律所给出的预测，并逐渐了解到宇宙有一个很丰富的卷曲侧：它的大爆炸诞生、黑洞、引力波，可能还有虫洞、时间机器、宇宙弦和裸奇点，几乎肯定还会有更大的惊喜。[2]

20 世纪 60 年代初，理论物理大师约翰·阿奇博尔德·惠勒（John Archibald Wheeler）最早开始清楚地阐述对宇宙卷曲侧的探索，那时他是我的博士论文导师[3]。我把我的大部分物理学职业生涯都献给了这一探索，与学生和同事通力合作，使用爱因斯坦的定律和方程进行数学计算，并通过开发 LIGO 的工具和技术来检测和监测引力波，并提取它们携带的信息[4]。

在 2008 年春天的一次聚会上，我有幸遇见了我的合著者莉娅·哈洛伦，这个聚会是由哈佛大学的物理学家丽莎·兰道尔①（Lisa Randall）主持的。莉娅和我迅速成为亲密的朋友，我们互相钦佩。她把我介绍给她的物理学家父亲和非凡的母亲，以及她迷人的家人费利西娅。从那时起，我一直感受到莉娅及其团队的温暖和激励。在我们初次见面后不久的某个秋日，莉娅在一本小小的素描本上为我画了一个虫洞和黑洞的素描，下面是这张素描的缩小版本。这张素描是一颗种子，最终长成了这本书。

① 丽莎·兰道尔是国际理论物理学权威，粒子物理学、弦理论、宇宙学专家。其著作《暗物质与恐龙》《叩响天堂之门》《弯曲的旅行》已由湛庐引进、浙江人民出版社出版。——编者注

01 / 黑洞

怪异的黑洞

1916—1930年，物理学家从爱因斯坦的定律中看到了黑洞在数学意义上的出现，但他们很难理解这一数学结果。甚至连爱因斯坦自己也被这种怪异所困惑，因此拒绝了这个预测。

直到 20 世纪 60 年代，已具有数字意义的黑洞的物理意义才变得清晰明了，正如本书的诗行和画作所描述的那样[5]。20 世纪 60 年代也标志着天文学家开始在观测中寻找黑洞并探索黑洞在我们宇宙中的作用，这一探索至今仍在继续[6]。

由卷曲的空间构成的黑洞

在其他地方[7]，我已经详细写过从宇宙体的角度看黑洞内部和周围空间的卷曲，正如本书这部分诗歌所描述的那样。

爱因斯坦的时间卷曲定律

“爱因斯坦的时间卷曲定律”是我对物理学家通常称为“引力时间膨胀”定律的称呼[8]。这个定律最简单的形式是爱因斯坦在 1907 年推导出来的，五年后以一种更复杂的形式出现，成为他构造广义相对论重要的第一步[9]。当物体的重力发生动态变化时，爱因斯坦简单的时间卷曲定律失效了，被一个更复杂的定律所取代。

黑洞由卷曲的时间塑造

在其他地方，我详细讨论了黑洞的视界以及时间在那里停滞的情况[10]。我想可以用时空图来最深刻、最清晰地理解黑洞内时间的向下倾泻[11]：在黑洞的视界内，所有的未来光锥（时空中物体可以前进的方向）都向下倾斜，朝向视界[12]。至于奇点，请参见下文。

黑洞由快速卷曲的空间涡旋塑造

爱因斯坦的相对论告诉我们，每个旋转的物体一定会将周围的空间拖入类似龙卷风的涡旋中，哪怕只拖了一点。围绕地球旋转的空间涡旋（也称为参考系拖拽效应）非常微小，但这一效应已经通过对重力探测 B 人造卫星内陀螺仪的影响以及对激光地球动力学卫星（LAGEOS）和激光相对论卫星（LARES）轨道的影响被观测并测量了，精度达到了几个百分点[13]。

在一个快速旋转的黑洞周围，空间的涡旋是巨大的。相对于遥远恒星的惯性参考系，黑洞的视界几乎以光速旋转；而在视界附近，空间也以几乎相同的速度旋转[14]。

如果有人花几分钟思考一下，就不难发现这个涡旋会产生扭曲空间的涡旋：黑洞的北极是逆时针涡旋，南极是顺时针。但奇怪的是，似乎没有物理学家注意到这一点，直到 2010 年我和几名学生努力设法将黎曼曲率张量可视化。其中一名学生，罗布·欧文（Rob Owen），看到了这些涡旋的出现[15]。这些涡旋和引导它们的涡旋线描述了黎曼曲率张量的一半物理内容。[16]

黑洞由拉伸和挤压空间的纤维以及混沌的奇点组成

我和学生们[17]发现[18]，黎曼曲率张量的另一半体现在两种类型的伸拽中：一种是拉伸物体的，另一种是挤压物体的。[19]就像每个旋转的物体都至少会使空间产生一点点涡旋，并因此产生与之相连的扭曲空间的涡旋一样；同样，每个引力体也会产生与之相连的拉伸或挤压空间的伸拽。我的学生戴维·尼科尔斯（David Nichols）根据拉丁语 tendere（拉伸）而命名了 tendex（伸拽），类似于根据拉丁语 vortere（旋转）而命名了 vortex（涡旋）。

在年轻的黑洞内部靠近奇点的地方，伸拽异常强大、凶猛且混乱。这个混沌奇点有一个技术名称——BKL 奇点，以我的三位俄罗斯朋友的姓氏缩写得名，他们在 1970 年从爱因斯坦相对论的数学公式中发现了它，他们是弗拉基米尔·贝林斯基（Vladimir Belinsky）、艾萨克·哈拉尼科夫（Isaak Khalatnikov）和叶夫根尼·利夫希茨（Evgeny Lifshitz）。[20]

量子引力定律决定了奇点的核心以及其他许多事物。对量子引力定律的探索始于 20 世纪 30 年代，当时只是一个规模很小的努力，随后逐渐发展壮大。约翰·惠勒在 20 世纪 50 年代和 60 年代发起了挑战，他要理解黑洞内部的奇点，并推测了一个亚原子尺度上的微小、波动的虫洞“量子泡沫”，这次探索是对量子引力定律的重要推动。到了 20 世纪 80 年代，重大突破使全球的理论物理学家都相信弦理论是寻找量子引力定律的极有前途的方法。几乎一夜之间，研究这些定律成为理论物理学中最激动人心、最有趣、最令人期待的事业。此后理论物理学的发展速度虽然放缓，但也有相当实质性的进展。[21]

黑洞埋藏着三个奇点[22]

“下落奇点”于 1989 年被两位加拿大物理学家沃纳·伊斯雷尔（Werner Israel）和他的学生埃里克·波瓦松（Eric Poisson）在爱因斯坦相对论定律的数学中发现。[23] 出于难以解释的技术原因，他们给了它“质量暴涨奇点”的名称，但我更喜欢“下落奇点”这个名字。

“外飞奇点”直到二十年后才被美国物理学家唐纳德·马罗夫（Donald Marolf）和以色列物理学家阿莫斯·奥里（Amos Ori）发现。[24] 他们称其为“冲击奇点”。

奥里一直强烈主张费利西娅或任何其他人或事物可能在被这两个温柔的奇点撞击时存活下来。[25]

02 / 虫洞与时间机器

极端思想实验

关于我在虫洞和时间机器方面的研究历史，本节只是极为简要地勾画了一下，在《黑洞和时间卷曲》的第 14 章中有更详细的叙述。[26]

蚂蚁、虫洞和水晶球

1935 年，阿尔伯特·爱因斯坦和内森·罗森（Nathan Rosen）[27] 意识到，1916 年由卡尔·施瓦茨柴尔德（Karl Schwarzschild）发现的爱因斯坦方程的一个解描述了连接我们宇宙两个遥远区域的桥梁，并且他们通过数学方法探索了这个桥梁的特性。1957 年，约翰·惠勒给这样的桥梁起了一个新名字——虫洞。

爱因斯坦-罗森虫洞是独特的：它是唯一的，是爱因斯坦广义相对论允许的、具有球形的口和球形的横截面，并且没有任何形式的物质或能量穿过其中。

后来，我和其他人探索了爱因斯坦方程的各种其他虫洞解，这些虫洞具有不同的形状和特性[28]，许多物理学家使用数值模拟来探索虫洞的外观（就像本书诗歌和绘画中描绘的水晶球）。最详细和美丽的模拟出现在好莱坞电影《星际穿越》中，该模拟由伦敦的双重否定公司（最近更名为 DNEG）制作，他们使用了我提供给他们的方程式。[29]

虫洞的坍塌

1962 年，约翰·惠勒和他的学生罗伯特·富勒（Robert Fuller）利用爱因斯坦相对论发现，爱因斯坦-罗森虫洞无法保持开放：其壁将在任何物体通过之前向内坍缩并断裂。二十三年后的 1985 年，卡尔·萨根就他的虚构作品《接触》向我寻求建议，这部作品是关于如何让人从地球穿越黑洞到织女星附近。作为回应，正如我在本章开篇的诗歌中描述的那样，我告诉卡尔尝试穿越黑洞过于危险，并建议他用虫洞代替黑洞。这促使我提出了维持虫洞开放所需的条件。我很快发现，它必须由具有负能量密度的物质穿过，我称之为异质材料。[30] 后来，我的朋友约翰·弗里德曼（John Friedman），他比我更深刻地理解物理学，指出我的结论已经蕴含在丹尼斯·甘农（Dennis Gannon）和 C·W·李（C. W. Lee）于 1975 年证明的一个定理中。

真空涨落

当我向卡尔·萨根提供建议时，我很清楚，由于真空涨落，异质材料确实存在于宇宙中。这些真空涨落，正如本节诗歌中描述的那样，[31] 是我们宇宙中普遍存在的现象，自 20 世纪 20 年代量子物理学早就已经被人们所知。

半个多世纪以来，物理学家已经知道如何利用真空涨落产生负能量（异质材料）。

1948 年，荷兰物理学家亨德里克·卡西米尔（Hendrik Casimir）利用量子理论的方程式证明，将两块导电平板放置在非常靠近的位置上将扭曲其间的真空涨落，从而使两块平板之间产生吸引力。这种力被称为卡西米尔力，在 1997 年由耶鲁大学的史蒂夫·拉莫罗（Steve Lamoreaux）以较高的精度首次进行了测量。如果你使两块平板分开但让它们逐渐靠近，卡西米尔力将产生作用。平板之间真空涨落的能量值将低于平板远远分开时的能量值（为零）。这时平板之间真空涨落的能量值为负。

在 20 世纪 80 年代，物理学家专注于研究电磁波（光、微波、无线电波等）的真空涨落。他们设法通过非线性晶体来压缩这些涨落，那些晶体则被并非真空的电磁波适当泵浦①。这里所谓的压缩，我们是指使真空涨落的幅度随时间振荡在大于和小于通常的最小振幅之间，因此其能量值也在大于零和小于零之间振荡。[32] 这种被压缩的真空是当前和未来的 LIGO 引力波探测器的重要工具。

异质真空涨落能够维持虫洞的开放吗

在 1988 年，我和我当时的学生迈克·莫里斯（Mike Morris）向物理学同事提出了一个挑战，那就是要弄清楚当量子法则与爱因斯坦的相对论结合起来时，是否允许在一个人类大小的虫洞内收集足够的异质材料以保持其开放。[33] 一些我们的同事接受了这个挑战，并进行了广泛的分析，但都没有成功。

① 即通过输入电磁波使这些晶体处于激发态。——译者注

三十年后，他们的结果是悲观的——虫洞可能无法保持开放，但这并不是最终定论。[34]

创造大型虫洞

20 世纪 50 年代末，在我成为约翰·惠勒的学生前几年，他在直觉上认为空间很可能充满了微小虫洞的量子泡沫……这些虫洞的尺寸大约是普朗克长度（约 10^{-33} 厘米），这个长度是相对论和量子物理学发生"热烈婚礼"的地方，从而催生了量子引力的新定律。[35] 我和其他人一直在猜测，一个非常先进的文明可能能够将这样的量子泡沫虫洞放大到人类大小，以用于快速的星际旅行。[36] 但这些只是纯粹的猜测，没有严肃的分析能够支持它们。

从虫洞到时间机器

1987 年，在我开始思考虫洞两年后，我意识到爱因斯坦的相对论允许一个超级先进的文明通过让一个虫洞口进行高速旅行来将虫洞变成时间机器，就像本节的诗歌和绘画中描述的那样。与我合作过很多技术性论文的两个俄罗斯朋友瓦列里·弗罗洛夫（Valery Frolov）和伊戈尔·诺维科夫（Igor Novikov），随后意识到有一种更简单的方法来进行这种转变：只需将一个黑洞洞口放在黑洞附近，另一个放在远处，然后等待。[37]

时间机器是否会自我毁灭

在 1988 年，我另外两个物理学家朋友——芝加哥大学的罗伯特·格罗克（Robert Geroch）和鲍勃·瓦尔德（Bob Wald）向我提出挑战："当一个先进文明试图将虫洞转变成时间机器时，难道它不会自毁吗？"我与一位韩国博士后研究员金成元（Sung-Won Kim）一起，尝试通过详细计算来回答这个问题，这个计算使用了物理学中量子定律和爱因斯坦相对论的一个不完全混合体，即所谓的卷曲时空量子场论。我们惊讶地发现，格罗克和瓦尔德是正确的：穿越虫洞的真空涨落（虚拟粒子）将会引发本节诗歌和绘画中描述的爆炸。之后，瓦尔德、伯纳德·凯（Bernald Kay）和马雷克·拉

齐科夫斯基（Marek Radzikowski）的工作进一步支持了这一爆炸性结论。

然而，我和金成元仔细研究了爆炸，并得出结论：它的威力不足以摧毁虫洞；时间机器将成功出现。

但后来，我亲爱的朋友斯蒂芬·霍金展示了另一种思考我们计算的方式。这种方式显示爆炸的威力足以摧毁虫洞。霍金和我进行了一段时间友好而激烈的辩论，最终我们一致同意，只有完整的量子引力法则才能确定爆炸的命运。尽管如此，霍金和我都相当相信，尽管不能完全肯定，每个时间机器在首次启动时都会自毁。霍金将这种有依据的推测称为“年代保护猜想”（Chronology Protection Conjecture），并将其描述为“从历史学家手上保护了宇宙的安全性”。[38]

我在为霍金撰写的最后一本书的介绍中描述了我们的友谊，这本书是在他去世后出版的。[39]

时间机器的故事

我的合作者莉娅编造了这个可爱的小故事，以更简单的方式解释了时间机器自毁的基本思想。尽管它解释了这个想法，但这个故事确实有一个逻辑缺陷。你能找到吗？

03 / 卷曲的时空

第一遍，迅速地

在 1916 年，爱因斯坦在他构建了广义相对论几个月后，利用这些定律预言了引力波的存在。自那以后的一个世纪里，我们物理学家利用他的定律更深入地探索了这些波的性质。几年前，我和我的学生们为此做出了贡献：[40] 我们在爱因斯坦的数学公式中发现，这些波可以被描述为交织在一起的扭曲空间的涡旋和拉伸或挤压空间[41]的伸拽。这种描述在本章开头的诗歌中引入，并在本章前两节的诗歌和绘画中得到了详细的阐述。

“几何动力学”一词是由约翰·惠勒在 20 世纪 50 年代末创造的（在我成为他学生之前五年），用于描述卷曲时空的动态行为。惠勒早期关于这一概念的重要想法在他的《几何动力学》（*Geometrodynamics*）一书中有所描述。[42] 惠勒敦促我和其他学生以及他的同事通过求解爱因斯坦的相对论方程来探索卷曲时空的几何动力学。他知道这将是一项非常困难的任务，因为仅凭借铅笔、纸张和人类的大脑，爱因斯坦的方程非常难以求解。因此，他建议在数字计算机上对方程进行数值求解，即数值相对论。

那是 20 世纪 50 年代末，当时存在着巨大的瓶颈：主要是我们对爱因斯坦方程的数学属性了解不足，以及当时计算机能力有限。突破这些瓶颈花费了将近半个世纪。计算机模拟在 21 世纪初才开始给我们带来关于几何动力学的许多信息，而且只有在计算机模拟铺平了道路之后，分析工作（人类大脑的力量加上铅笔和纸张）才开始带来重大的洞见。[43]

当旋转的黑洞正面相撞：对抗、缠绕的涡旋变成引力波

2001 年，我和李·林德布隆（Lee Lindblom）在加州理工学院启动了一个基于计算机的几何动力学研究项目“数值相对论”，并与康奈尔大学的一个由我以前的学生索尔·图科斯基（Saul Teukolsky）领导的小组合作，图科斯基已经从事数值相对论研究多年。我们将这一联合项目称为模拟极端时空（Simulating eXtreme Spacetimes，SXS）计划。我们的 SXS 计划是全球几个通过模拟黑洞的碰撞对几何动力学的突破做出贡献的项目之一。

计算机模拟的原始输出是大量数字，最好将这些数字转换为图像和视频，以便人类理解。我在 2010 年意识到，为了促进这一过程，我们需要一种方法来可视化黎曼曲率张量，因为它是时空卷曲在数学上的主要体现。这个可视化挑战导致我和我的学生们发现了导致顺时针和逆时针扭曲的涡旋，以及导致拉伸和挤压的伸拽。[44]

在我们发现了这些涡旋和伸拽后，我们做的第一件事就是用它们探索了当两个相同、自旋的黑洞正面碰撞时触发的时空风暴。SXS 团队进行了模拟，而我的学生们对其进行了可视化。我们的结果——如本书这一部分描述的那样，是一个巨大而美丽的惊喜。在进行模拟之前，我们对涡旋这种迷人和复杂的行为方式毫无了解。[45]

当环绕的黑洞相撞：螺旋涡旋变形成引力波

在探索由两个自转黑洞正面碰撞引发的时空风暴后，我和我的学生们接下来利用我们的涡旋和伸拽工具，对两个自转黑洞轨道碰撞的 SXS 模拟输出进行了可视化。我们对涡旋连接到合并黑洞产生的引力波的结果在本书的这一部分中进行了描述。[46]

伸拽生成的波

伸拽生成的波即由与合并黑洞连接的伸拽产生的引力波。[47] 黑洞碰撞产生的涡旋引力波和伸拽引力波的模式之间有着非常密切的相似性；在技术上，它们具有近似的对偶关系。[48]

这种近似的对偶关系对于这两种类型的引力波能够在黑洞碰撞的一侧大部分相互抵消并在另一侧相互增强至关重要，从而导致离开的引力波强烈地冲击合并后的最终黑洞。这是一个巨大的几何动力学冲击，于 2007 年由得克萨斯大学布朗斯维尔分校的曼努拉·坎帕奈里（Manuela Campanelli）及其同事在计算机模拟中发现。[49] 四年后，我和我的学生们发现了这两种引力波的近似对偶性质，解释了这一巨大的冲击现象。[50]

引力波的巨大力量

对于人类首次观测到的引力波（由 LIGO 于 2015 年 9 月 14 日发现），功率峰值约为 4×10^{49} 瓦，即比我们太阳的光度大约高出 9×10^{22} 倍，比可观察宇宙中所有恒星的光度总和还要大 50 倍。[51] 这也相当于 c^5/G 的 1/1 000，其中 c 是光速，G 是牛顿引力常数。这种强度的引力波持续约 15 毫秒，这只足够使引力波绕黑洞旋转几次。这段时间和引力波的功率的乘积约为 6×10^{49} 焦耳，或者说大约是通过湮灭 3 个太阳并将其全部质量转化为引力波所得到的能量。两个初始黑洞的质量分别为太阳质量的 29 和 36 倍，因此黑洞碰撞将黑洞质量转化为引力波能量的效率为 3Msun/65Msun——约为 5%。作为对比，最强的化学爆炸的效率大约为十亿分之一，而最强的热核爆炸的效率则小于 1/1 000。

引力波离开后，留下静止的黑洞，罗伊·科尔（Roy Kerr）对爱因斯坦方程解描述了这一黑洞。20 世纪 70 年代，由沃纳·伊斯雷尔、斯蒂芬·霍金、布兰登·卡特（Brandon Carter）等人通过对爱因斯坦方程进行笔纸运算的共同努力证明了这一黑洞。[52] 在 2015 年，SXS 和其他计算机模拟也证实了这一点，并揭示了黑洞最终振动的完整动态细节。LIGO 的观测也证实了这一点。[53]

穿越宇宙来到地球

这段对波的旅程的描述是根据 LIGO 在波通过地球时的观测推断出来的。

激光干涉引力波天文台（LIGO）

在这一部分中，对 LIGO 引力波探测器工作原理的简单描述旨在言简意赅、直指核心。[54]

伽利略和 LIGO

自伽利略以来的现代电磁天文学，以及它带来的对宇宙理解的革命，都是迷人的。[55]

LIGO 是如何诞生的？我的个人观点……

这一部分中对 LIGO 历史的简短、诗意描述是高度简化的。这段历史在其他地方有更详细的描述，而且观点也不那么个人化。[56] 我和其他四位 LIGO 同事正在撰写一部详细的长篇历史，其中包括对 LIGO 技术报告的广泛引用和许多有趣的轶事。[57]

尾声：一个电话

在 2017 年 12 月的十天里，我在斯德哥尔摩参加诺贝尔奖典礼。与物理奖评选委员会的成员交谈。他们向我保证，诺贝尔基金会有权修改该奖最多可颁给三个人的规定。他们解释说，这一规定的原因是，奖项的主要目的是激发并教育全世界人民关于物理学（以及颁奖领域中的其他学科）的知识，而个人比大团队更能成为激励人心的偶像。相反，我则提出（与本节诗歌中的方式类似）诺贝尔基金会应承担的额外角色是向全世界人民传递合作的力量。我指出，LIGO 开始尝试颁发突破奖，将奖金的三分之一颁发给三位个人，将三分之二颁发给取得突破的整个团队。诺贝尔委员会成员回答说，诺贝尔基金会已经在讨论类似的事情，但尚未完全确定要推进变革。

04 / 用引力波探测宇宙的卷曲

第一段插曲：中子星相撞

詹姆斯·查德威克（James Chadwick）于 1932 年在剑桥大学发现中子后不久，物理学家意识到原子核由中子和质子构成。加州理工学院的弗里茨·兹维基（Fritz Zwicky）推测了中子星的存在，并认为它们可能在超新星爆炸中产生。

三十五年后（1967 年），剑桥的射电天文学家乔斯琳·贝尔（Jocelyn Bell）和托尼·休伊什（Tony Hewish）发现了脉冲星，很快就明确了它们实际上是自转的中子星。七年后，马萨诸塞大学阿默斯特分校的罗素·赫尔斯（Russell Hulse）和约瑟夫·泰勒（Joseph Taylor）利用波多黎各阿雷西沃的巨型射电望远镜发现了两颗围绕彼此做轨道运动的中子星发出的脉冲无线电波。赫尔斯和泰勒的观测结果显示，这些恒星因发射引力波而以预期的速率向内螺旋，并且它们应该在大约三亿年后相撞。[58] 此后不久，远处星系中的中子星碰撞引起的引力波成为新兴引力波干涉仪的目标，而 LIGO 及其新近投入运行的欧洲伙伴室女座引力波干涉仪（Virgo）在 2017 年观测到了这些波。[59]

第二段插曲：黑洞将一颗恒星拉成细线

我描述黑洞撕裂中子星的情景是基于由 SXS 和其他研究小组进行的计算机模拟。[60] 这种事件产生的引力波是 LIGO 的主要目标，很可能在本书出版之前就会被观测到。LIGO 和 Virgo 已经观测到两次，一个中等大小的黑洞吞噬了一整颗中子星，而没有将其撕裂。[61]

第三段插曲：激光干涉空间天线（LISA）

LISA 于 1974 年由几位引力波物理学家提出，包括彼得·本德（Peter Bender）和科罗拉多大学的吉姆·法勒（Jim Faller）、麻省理工学院的雷纳·韦斯和格拉斯哥的罗纳德·德雷弗等人。本德在 20 世纪 70 年代和 20 世纪 80 年代对这个想法进行了概念上的完善，美国国家航空航天局（NASA）和欧洲航天局（ESA）在 20 世纪 90 年代末同意共同开发和发射 LISA。2011 年，由于韦伯空间望远镜的成本超支（这也导致了其他一些激动人心的太空科学任务的中止），NASA 取消了与 ESA 的协议。ESA 于 2017 年在太空中成功地进行了 LISA 技术的大部分测试，而 NASA 重新加入了 LISA 项目，成为一名初级合作伙伴。ESA 暂定计划于 2037 年将 LISA 送入太空。

第四段插曲：利用 LISA 绘制黑洞地图

在 20 世纪 90 年代中期，我的一个出色的博士生芬坦·瑞恩（Fintan Ryan）在数学上证明了一个中子星或一个小黑洞绕着一个远大于自身并且自旋的大黑洞运行时产生的引力波携带了大黑洞卷曲时空的完整地图。他实际上只在运行对象处于几乎圆形的赤道轨道时证明了这一点。[62] 然而，如果来自其他更复杂轨道（如莉娅在本节中描绘的轨道）的更丰富的波动未能编码相同的信息，那将是极其令人惊讶的。但是，证明这一点并提供一个提取该信息的数学算法的努力尚未取得成功。

当大黑洞比围绕它运行的对象（中子星或小黑洞）大 1 000 倍或更多时，引力波将位于 LISA 的低频带，而不是 LIGO 的高频带，并且波动将持续一年或更长时间，带来一个非常详细的大黑洞地图。如果引力波位于 LIGO 的高频带上，那么大黑洞的大小必须不超过运行对象的约 30 倍。在这种情况下，波动在 LIGO 的频带上仅持续几秒钟或几分钟，而不是几年，而且没有足够的波动周期来编码详细的地图。

第五段插曲：裸奇点

爱因斯坦的定律很可能在宇宙中完全正确，除奇点的量子引力核心外。罗杰·彭罗斯（Roger Penrose）和斯蒂芬·霍金是他们那个时代（约 1960 年至 2020 年）在探索爱因斯坦的定律对宇宙的预言方面的巨擘。

1969 年，彭罗斯提出了一个猜想，即在我们的宇宙中没有什么能够产生裸奇点。例如，当恒星在它们生命的末期坍缩产生奇点时，这些奇点将总是被视界包围着。它们永远不会裸露出来。这被称为彭罗斯的宇宙监督猜想。[63] 尽管经过近半个世纪的努力，物理学家仍未能证明或反驳这个猜想。我们在爱因斯坦的方程中找到了许多有利于这个猜想的旁证，但还没有人能够给出令人信服的数学证明。

由当时在得克萨斯大学的马修·乔普图克（Mattew Choptuik）和其他物理学家进行的物质坍缩的计算机模拟实际上产生了裸奇点，但只有当它们的初始条件被极其仔细地调整时才会产生。只要初始条件是随机的（这才是真实的宇宙），模拟都会产生被视界包围的奇点。尽管如此，我和我在加州理工学院的同事约翰·普雷斯基尔（John Preskill）对宇宙监督猜想极其怀疑（或许是疯狂地希望它会失败），以至于在 1991 年我们与霍金打赌，即裸奇点可以在真实宇宙中形成。[64] 由于我们物理学家似乎太笨，无法使用爱因斯坦的定律证明或反驳宇宙监督猜想，引力波天文学家已开始进行莉娅和我在本节中描述的搜索工作。

第六段插曲：我们宇宙的大爆炸诞生

1929 年，埃德温·哈勃（Edwin Hubble）透过加利福尼亚州威尔逊山上的 100 英寸①口径望远镜，发现了我们宇宙的膨胀（星系正在相互远离）。自那时以来的几十年里，天文学家通过各种各样的观测技术对这种膨胀进行了详细研究。在 20 世纪 60 年代和 70 年代，霍金和彭罗斯将爱因斯坦的相对论定律与观测数据结合起来推断，这种膨胀必须始于某种由量子引力定律统治的奇点：宇宙大爆炸奇点。[65]

在 20 世纪 70 年代，我的另一位亲密的俄罗斯朋友列昂尼德·格里舒克（Leonid Grishchuk）利用爱因斯坦的定律推断出，宇宙大爆炸必定产生了原初引力波，他的俄罗斯同事（也是我的导师之一）雅科夫·鲍里索维奇·泽尔多维奇（Yakov Borisovich Zeldovich）表明，这些波的穿透力是如此强，以至于它们应该几乎未受影响地穿过了宇宙早期的炽热而密集的物质，为我们带来了关于宇宙大爆炸的详细信息。[66]1979 年至 1982 年，亚历克谢·斯塔罗宾斯基（Alexei Starobinsky）、阿兰·古思（Alan Guth）、安德烈·林德（Andrei Linde）、保罗·斯坦哈特（Paul Steinhardt）等人创造并发展了一个想法，即在宇宙大爆炸后，宇宙几乎立即经历了一个指数快速膨胀的时期，这被称为暴胀。他们表明，直接从宇宙大爆炸产生的任何

① 1 英寸约为 2.54 厘米。——编者注

引力波（传统观点认为是真空涨落）都会被膨胀放大，产生丰富的原始引力波谱。[67]

在 20 世纪 90 年代，几位理论物理学家设计出了最有希望的一种方法来探测这些引力波并提取它们的信息：通过它们在宇宙微波背景辐射（CMB）中引起的偏振模式。寻找这种偏振模式并测量其细节已成为观测宇宙学家的一项神圣任务。[68]

这种偏振模式只会显示极低频率波的细节（约 10 ～ 16 赫兹，波长为数亿光年）。关于宇宙早期时刻的其他信息将包含在更高频率的原始引力波中，但它们肯定太微弱，无法被近期的探测器如 LIGO 观测到。在 21 世纪中叶，[69] 由激光束连接的 12 个星际航天器的星座组成的大爆炸观测者，很可能会在更高频率上探测到原初引力波（约 0.1 赫兹，波长略长于地月距离）。

在最近几十年里，物理学家为了理解大爆炸奇点的细节，发展出了各种各样的迷人想法；但只有当量子引力定律完全被理解时，奇点的真实本质才有可能变得清晰——也许需要三十年时间，或者需要更长时间。[70]

第七段插曲：宇宙弦

弦理论涉及基本弦：微观的、振动的橡皮筋状物体，被认为是电子、质子、中子和其他基本粒子的组成部分。自 20 世纪 80 年代以来，物理学家一直将其视为量子引力定律最有前途的基础之一。①

宇宙弦是一种巨大的弦，可以跨越整个宇宙，这个概念是由汤姆·基布尔（Tom Kibble）在 20 世纪 70 年代提出的。我们现在理解，宇宙弦可能是在宇宙非常年轻的时候以各种方式产生的。对我来说最有趣的，也是本节的焦点之一，是约瑟夫·波尔钦斯基（Joseph Polchinski）的洞见：一些类型的基本弦可能在宇宙早期被膨胀到宇宙尺寸，成为宇宙弦。2001 年，蒂博·达穆尔（Thibault Damour）和亚历克斯·维连金（Alex Vilenkin）在关于宇宙弦的数学工作中发现，当弦相撞时产生的尖端和扭结将产生独特形状的引力波——波形如此强大，以至于 LIGO 或 LISA 可能会探测到它们。[71]

05 / 梦想的愿景

欣喜！何等令人满足的喜悦！

我的 LIGO 同事和我在 1989 年已经基本完善了这一节中简要描绘的愿景，当时我们向美国国家科学基金会提交了有关 LIGO 最终设计和建造的建议书。[72] 该愿景已开始成真。LIGO 首次探测到了来自相撞黑洞（GW150914）和相撞中子星（GW170817）的引力波。

量子引力：物理学的圣杯

上文中，在我们首次接触到量子引力时，我简要描述了理论家寻找量子引力定律的探索。详见"黑洞由拉伸和挤压空间的纤维以及混沌的奇点组成"。[73] 我也在"第六幅插曲：我们宇宙的大爆炸诞生"那一节中描述了天体物理学家试图观测到大爆炸奇点引力波的探索。通过结合这些探索来征服量子引力定律的梦想是物理学界的共同愿景。我在我的诺贝尔奖演讲的最后几分钟，以及由演讲发展而来的文章的倒数第二节中描述了这一点。[74]

---

① 弦理论认为组成物质的最基本单元是弦，这种弦十分微小，称为基本弦（fundamental string），而粒子则只是弦振动产生的量子，宇宙弦（cosmic string）则是另一种东西，尽管如下文所述，在某些情况下基本弦可以成为宇宙弦。——译者注

致谢

索恩：

我从未想过与画家合作，直到遇见了莉娅。我非常感激她，她将我领进艺术和艺术家的世界，并激发我们之间美妙的合作。我是写诗的新手。我要感谢我们的编辑鲍勃·韦尔（Bob Weil）对诗歌的深刻建议、巨大鼓励和有力、引人入胜的修改。我也从黛安·阿克曼（Diane Ackerman）、杰尼乔伊·拉贝尔（Jenijoy La Belle）、达娃·索贝尔（Dava Sobel）和丽贝卡·沃尔夫（Rebecca Wolf）的诗歌建议中受益匪浅，还有沃尔夫富有见解的修改。我要感谢已故的诗人罗伯特·瑟维斯，他的诗歌在我童年和青年时期激励着我，我也借鉴了他的格律。

我要感谢我的物理学同行，他们对这本书中描述的我们宇宙的卷曲侧的洞见和发现至关重要，特别是我的导师约翰·惠勒，他向我介绍了卷曲侧和统治它的爱因斯坦定律；雷纳·韦斯，LIGO 的主要发明者，也是我在创造引力波天文学探索中的灵魂伴侣；我的其他卓越的 LIGO 同事，其中一些在“LIGO 是如何诞生的？我的个人观点……”部分介绍过，但其他一些同样重要的人则因名字太多无法一一列举，尤其是整个 LIGO 千人团队，将我们的追求变为现实。我还要感谢我的许多学生和理论物理学同行，我从他们那里学到了很多，特别是 SXS 数值相对论合作组的成员及其领导者索尔·图科斯基；以及与我合作的现在和以前的学生，包括：罗布·欧文、杰安德鲁·布林克（Leandrew Brink）、陈雁北、杰弗里·卡普兰（Jeffery Kaplan）、杰弗瑞·洛夫雷斯（Geoffrey Lovelace）、基思·马修斯（Keith Mattews）、戴维·尼科尔斯、马克·希尔（Mark Scheel）、张帆和艾伦·齐默曼（Aaron Zimmerman），我们从 SXS 模拟中提取出关于几何动力学的洞见，包括扭曲空间的涡旋和拉伸与挤压空间的伸拽。

莉娅：

这个项目给了我一个巨大的机会，使我超越了作为艺术家的本职领域，我对索恩的友谊和合作深表感激，他激励并鼓舞了我，让我朝着令人兴奋和新的方向发展。

这本书最初是一篇小文章，我要感谢我的不可思议的工作室团队，詹妮弗·徐（Jennifer Seo）、加勒特·希尔（Garret Hill）、凯拉·奎恩兰（Kayla Quinlan）和亚当·奥特克（Adam Ottke），在整个过程中他们都起着重要的作用，组织、记录和支持这个项目的创作，每一步都转化成了这本美丽的书。我要感谢路易斯·德赫苏斯（Luis De Jesus）、杰伊·温盖特（Jay Wingate）、斯泰西·马丁内斯（Stacie Martinez）以及路易斯·德赫苏斯洛杉矶画廊的美妙人员。

我要感谢在查普曼大学的梦幻般的同事、合作者和学生，他们与我一起从事各种跨学科的工作，并以许多方式丰富了我的实践。我特别感谢院长詹妮弗·基恩（Jennifer Keane）和校长丹尼尔·斯特鲁帕（Daniele Struppa），他们鼓励和支持我在创作和教学上多方向发展。我非常感谢达娃·索贝尔，她是我的好朋友，我们都热衷于关注科学界和自然界中的女性。詹娜·莱文（Janna Levin）一直是激情和跨学科合作的不竭源泉，策划了艺术、科学和文化交叉的项目，她的见解极大地鼓舞和支持了这个项目。我要感谢我的父母，他们无限鼓励我在艺术和自然界的好奇心和创造力。最后，我要感谢我们孤独的太空旅行者费利西娅，当我给她奇怪的指令说她正在被拉伸、挤压和吸入黑洞时，她耐心地为这本书中的绘画做模特。

索恩和莉娅：

我们要感谢丽莎·兰道尔介绍我们认识彼此，这是我们美好的友谊和合作的开始。我们也要感谢那些对我们产生重大影响的同事和朋友的建议和鼓励：戴安·阿克曼、宝拉·弗洛赫（Paula Froehle）、詹娜·莱文，以及达娃·索贝尔。索贝尔在 2020 年 10 月的《科学美国人》杂志上的专栏“韵律”中首次公布了我们书稿的一部分。我们要感谢汤姆·布特根巴赫（Tom Buttgenbach），在疫情最严重的时候，将我们送到汉福德的 LIGO 现场，从空中和地面拍摄 LIGO，为莉娅的绘画奠定基础。我们特别感谢玛丽亚·波波娃（Maria Popova），她对诗歌、自然和科学的热爱使她特别了解这个项目在我们出色的经纪人夏洛特·希迪（Charlotte Sheedy）手中将会得到最理想的处理。

我们感谢设计师丽贝卡·门德斯（Rebeca Méndez）及其设计助理杰森·李（Jason Lee），他们对本书外观的影响是深远的。我们要感谢托尼·曼泽拉（Tony Manzella）和埃谢隆·科勒（Echelon Color）的出色团队为莉娅的绘画准备印刷品，以及我们的摄影师保罗·萨尔维森（Paul Salveson）。我们还要感谢我们的经纪人夏洛特·希迪和编辑鲍勃·韦尔给予的明智建议和热情鼓励，以及利弗赖特图书公司（Liveright Books）和 W.W. 诺顿公司（W.W.Norton&Company）的制作、出版、宣传和营销团队的关键成员：安娜·奥勒（Anna Oler）、史蒂夫·阿塔尔多（Steve Attardo）、海莉·布拉肯（Haley Bracken）、罗伯特·拜恩（Robert Byrne）、尼克·柯利（Nick Curley）、丽贝卡·霍米斯基（Rebecca Homiski）、伊丽莎白·科尔（Elisabeth Kerr）、彼得·米勒（Peter Miller）、史蒂文·佩斯（Steven Pace）和唐·里夫金（Don Rifkin）。

注释

序　幕　我们的宇宙千变万化，浩瀚无垠

1. Will (1993), and Chs. 1 and 2 of Black Holes and Time Warps (Thorne 1994), 下文简称 BHTW.
2. BHTW, The Future of Spacetime (Hawking et al. 2002), The Science of Interstellar (Thorne 2014), 下文简称 TSI.
3. *Wheeler (1962).
4. *Weiss, Barish, and Thorne (2018) and Thorne (2019).

01　黑　洞

5. Chs. 3-7 of BHTW (Thorne 1994).
6. Chs. 8 and 9 of BHTW, Begelman and Rees (2021).
7. BHTW (Thorne 1994), Chs. 5 and 6 of TSI (Thorne 2014) and Ch. 5 (Thorne 2003).
8. Ch. 4 of TSI (Thorne 2014, p. 291).
9. Ch. 2 of BHTW, Renn (2020), Ch. 9 and pp. 196-98 of Pais (1982).
10. Thorne (2003) and Ch. 5 of TSI.
11. Ch. 5 of TSI and in Thorne (2003).
12. 17.7, 17.8, and 27.8 of Penrose (2005).
13. *Everitt et al. (2011), *Ciufolini et al. (2019). Ch. 6 of *Ciufolini and Wheeler (1995).
14. Ch. 5 of TSI and pp. 286-92 of BHTW.
15. **Owen et al. (2011).
16. Section 5.1 of *Scheel and Thorne (2014).
17. 有些学生是研究生，有些学生是博士生，还有两名教授（他们之前是我的学生）：罗布·欧文、杰安德鲁·布林克、陈雁北（教授）、杰弗里·卡普兰、杰弗瑞·洛夫雷斯、基思·马修斯、戴维·尼科尔斯、马克·希尔（教授）、张帆和艾伦·齐默曼。与这些聪明的人合作很好。
18. **Owen et al. (2011).
19. Ch. 4 of TSI, section 5.1 of *Scheel and Thorne (2014).
20. pp. 466-476 of BHTW, pp. 230-231 of TSI, 3.1 of *Scheel and Thorne (2014).
21. Smolin (2001), Susskind (2005), Green (2010), Gubser (2010), and Carroll (2019).
22. Ch. 26 of TSI.
23. **Poisson and Israel (1990).
24. **Marolf and Ori (2013).
25. p. 2119 of **Ori (1992).

02　虫洞与时间机器

26. Thorne (1994).

27. **Einstein and Rosen (1935).

28. *Morris and Thorne (1987) and **Visser (1996).

29. Ch. 15 of TSI, *James, von Tunzelmann, Franklin, and Thorne (2015), Ch. 14 of BHTW, Everett and Roman (2012).

30. 14.1 of BHTW.

31. 12.4 of BHTW.

32. pp. 163-67 of Everett and Roman (2012).

33. *Morris and Thorne (1988).

34. Everett and Roman (2012).

35. pp. 76-77 of *Wheeler (1962).

36. pp. 493-96 of BHTW.

37. pp. 498-508 of BHTW and pp. 266-269 of TSI.

38. pp. 505-507 and 516-521 of BHTW, and Hawking's Ch. in Hawking et al. (2002). **Kim and Thorne (1991), **Hawking (1992) and **Kay, Radzikowski, and Wald (1997).

39. Hawking (2018).

03 卷曲的时空

40. **Owen et al. (2011).

41. *Scheel and Thorne (2015).

42. **Wheeler (1962).

43. *Scheel and Thorne (2015).

44. **Owen et al. (2011).

45. Sec. V.B.1 of *Scheel and Thorne (2014) and references cited therein.

46. Sec. V.B.2 of *Scheel and Thorne (2014)

47. Sec. V.B.2 of *Scheel and Thorne (2014).

48. Fig. 11 of *Scheel and Thorne (2014), **Nichols et al. (2013).

49. **Campanelli et al. (2007).

50. **Owen et al. (2011); Sec. V.B.3 of *Scheel and Thorne (2014).

51. *LIGO/VIRGO Collaboration (2017).

52. Ch. 7 of BHTW.

53. **Isi et al. (2019).

54. pp. 383-387 of BHTW, or Rainer Weiss's Nobel Prize lecture, part I of *Weiss, Barish, and Thorne (2018). Sec. 27.6 of **Thorne and Blandford (2017, 2021).

55. Asimov (1975).

56. Levin (2017), and also *Weiss, Barish, and Thorne (2018); Thorne (2019).

57. Barish, Fritschel, Shawhan, Thorne, and Weiss (2025).

04 用引力波探测宇宙的卷曲

58. Ch. 5 of BHTW and McNamara (2008).

59. Billings (2017) and Miller (2017), *Abbott et al. (2017a,b).

60. SXS (2019), *Foucart (2020). Ferguson et al. (2021).

61. Abbott et al. (2021).

62. **Ryan (1992) and **Li and Lovelace (2008).

63. pp. 481-482 of BHTW.

64. pp. 140-145 of my Ch. in Hawking et al. (2002).

65. pp. 459-465 of BHTW.

66. Secs. 24.17 and 17.4 of **Zel' dovich and Novikov (1983).
67. Rees (1997), Steinhardt and Turok (2007), Perlov and Vilenkin (2017).
68. Chs. 20 and 21 of **Maggiore (2018).
69. Phinney et al. 2004.
70. Rees (1997), Steinhardt and Turok (2007), Penrose (2016), and Perlov and Vilenkin (2017).
71. Sec. 22.5 of **Maggiore (2018), Saplakoglu (2020) and Lewton (2020).

05 梦想的愿景

72. Appendix A of Volume 1 of that proposal, *Vogt et al. (1989); Abramovici et al. (1992).
73. Smolin (2001), Susskind (2005), Green (2010), Gubser (2010), and Carroll (2019).
74. Weiss, Barish, and Thorne (2018).

* 在这些参考文献中，带有一颗星号的是稍微技术性的，而带有两颗星号的是非常技术性的，不带星号的则对大多数读者而言都是可以理解的。

编年纪

13 亿年前

两个黑洞发生碰撞，向宇宙发出引力波，这一事件被称为 GW150914 引力波事件。

1.3 亿年前

两颗中子星发生碰撞，向宇宙发出引力波，这一事件被称为 GW170817 引力波事件。

5 万年前

GW150914 和 GW170817 的引力波进入银河系。

1610 年

伽利略通过建造光学望远镜，将其对准木星，发现了木星的 4 颗最大的卫星，开启了现代电磁天文学。

1912 年

爱因斯坦提出了时间卷曲定律。

1915 年

爱因斯坦构建了（或者说发现了）控制时空卷曲的广义相对论定律。

1916 年

爱因斯坦利用他的广义相对论物理定律预测了引力波及其拉伸 / 压缩特性的存在。

20 世纪 20 年代

几位物理学家共同形成了量子物理定律，其中最著名的是埃尔温·薛定谔、沃纳·海森堡、尼尔斯·玻尔和保罗·狄拉克。

1929 年

埃德温·哈勃提出宇宙的膨胀，这引发了宇宙可能始于大爆炸的理论。

1935 年

爱因斯坦和内森·罗森发现，由卡尔·施瓦茨柴尔德在 1916 年发现的爱因斯坦相对论方程的一个解，实际上描述了一个虫洞。

1939 年

J. 罗伯特·奥本海默（J. Robert Oppenheimer）和哈特兰德·斯奈德（Hartland Snyder）利用爱因斯坦的相对论方程分析了一颗恒星的坍缩，并发现它产生了我们现在称之为黑洞的物体，但直到大约 20 年后，他们和其他人才真正理解了黑洞的性质。

1948 年

亨德里克·卡西米尔预测，在两个导电表面（墙）之间，真空涨落会发生变化，从而具有负能量，即它们变成了异质材料（用现代术语来说）。这些发生特定变化的真空涨落现在被称为卡西米尔真空，20 世纪 90 年代末其存在被史蒂夫·拉莫罗和乌玛尔·莫希丁（Umar Mohideen）以及阿努什里·罗伊（Anushree Roy）的实验证实。

1956 年

约翰·阿奇博尔德·惠勒构想了量子泡沫的概念（作为极小尺度上空间的基本结构），并推测了它的存在和特性。

20 世纪 50 年代末到 60 年代初

约翰·惠勒敦促他的学生和同事探索卷曲时空的高度非线性动态行为，他将这种探索命名为几何动力学。受此启发，惠勒的学生查尔斯·米斯纳（Charles Misner），随后是理查德·林奎斯特（Richard Lindquist）和苏珊·汉恩（Susan Hahn）发起了一项探索几何动力学的工作，使用计算机模拟碰撞的虫洞或黑洞。

1962 年

约翰·惠勒和罗伯特·富勒发现爱因斯坦－罗森虫洞会迅速坍缩（收缩），以至于没有任何东西可以穿过它。

1962 年

在约翰·惠勒的指导下，我开始攻读博士学位，专注于爱因斯坦的相对论，并利用它来探索宇宙的卷曲侧。

1963 年

罗伊·科尔发现了描述自旋黑洞的爱因斯坦方程的解，许多物理学家开始在数学上探索自旋黑洞的性质。

1964 年

阿诺·彭齐亚斯（Arno Penzias）和罗伯特·威尔逊（Robert Wilson）发现了炽热、年轻的宇宙产生的宇宙微波背景辐射。

1966—1970 年

斯蒂芬·霍金和罗杰·彭罗斯表明，爱因斯坦的相对论定律加上天文观测暗示了宇宙大爆炸奇点必然存在。

1969 年

罗杰·彭罗斯基于对爱因斯坦相对论定律的广泛研究，提出了宇宙中裸奇点不能出现的宇宙监督猜想。

1969 年

弗拉基米尔·贝林斯基、艾萨克·哈拉尼科夫和叶夫根尼·利夫希茨使用爱因斯坦的相对论定律预测了混沌的 BKL 奇点的存在，并探索了其性质。

1972 年

雷纳·韦斯发明了用于探测引力波的引力干涉仪，并探索了它将面临的最糟糕的噪声类型，设计了应对这些噪声的方法，并估计这种仪器足够灵敏，能够成功。

1972 年

威廉·亨利-普雷斯和我与同事开始发展引力波天文学的愿景。

1974 年

理查德 · 艾萨克森在美国国家科学基金会担任职务。不久之后，他成为引力物理项目主管，并在接下来的近 30 年里，促进了宇宙卷曲侧研究的发展，包括 LIGO。

1974 年

列昂尼德 · 格里舒克利用爱因斯坦的相对论定律预测了大爆炸中产生的强（原初）引力波。

1974 年

彼得 · 本德、罗纳德 · 德雷弗、吉姆 · 法勒、雷纳 · 韦斯等人构想了 LISA 引力波探测器的概念。

1976 年

罗伯特 · 维索（Robert Vessot）通过比较地球和高空火箭上的原子钟的时间流速，验证了爱因斯坦的时空卷曲定律具有非常高的精度。

1976 年

伊尔温 · 夏皮罗（Irwin Shapiro）和罗伯特 · 里森伯格（Robert Reasenberg）使用发射到火星并返回的无线电信号，非常精确地验证并测量了太阳周围空间的卷曲侧。

1976 年

汤姆 · 基布尔预测宇宙弦可能是在宇宙大爆炸诞生后不久通过相变产生的。

1978 年

在一次关于引力波可能来源的理论研究会议上，我和同事意识到，抵达地球的最强引力波可能来自黑洞的碰撞和中子星的碰撞。

1979—1982 年

亚历克谢 · 斯塔罗宾斯基、阿兰 · 古思、安德烈 · 林德、保罗 · 斯坦哈特等人提出并发展了宇宙早期的暴胀理论。

1984 年

由雷纳 · 韦斯、罗纳德 · 德雷弗和我创建了寻找引力波的 LIGO 项目，该项目作为麻省理工学院和加州理工学院之间的合作项目，得到了美国国家科学基金会的支持。

1985 年

我从爱因斯坦相对论定律意识到，可以通过在虫洞的咽喉处放置异质材料来保持虫洞的开放状态。这个相当明显的结论已经暗含在 1975 年丹尼斯 · 甘农和 C. W. 李的研究中。这引发了我同事们长达数 10 年的努力，以了解物理定律是否允许将足够的异质材料放置在虫洞的咽喉处，以保持其开放状态。

1988 年

埃里克 · 波瓦松和沃纳 · 伊斯雷尔利用爱因斯坦的相对论定律预测了黑洞内部的下坠奇点。

1988 年

我和迈克 · 莫里斯、乌尔维 · 尤尔特塞弗（Ulvi Yurtsever）构想出了一台通过将虫洞的一个口高速地移动到另一个口实现的时间机器。

1989 年

在罗比·沃格特的领导下，加州理工学院和麻省理工学院向美国国家科学基金会提出了建设 LIGO 的提案，并开始了 LIGO 的准备工作。

1990 年

我和金成元发现，虫洞变成时间机器可能会因通过它的真空涨落而自行毁灭。

1991 年

斯蒂芬·霍金提出他的年代保护猜想：所有的时间机器可能在它们被创造的那一刻自行毁灭。霍金、我和我们的学生得出结论，量子引力定律可能控制着爆炸是否强大到摧毁时间机器。

1995 年

芬坦·瑞恩表明，绕着一个大黑洞轨道运动的小黑洞所发出的引力波本身编码了大黑洞的全时空几何（卷曲）的地图。

1995 年

在巴里·巴里什的领导下，LIGO 的建设开始。

1997 年

巴里·巴里什创建了 LIGO 科学合作组织，从而将 LIGO 扩展到包括 2015 年来自 15 个国家近百个机构的 1 000 多名科学家。

1997 年

乌罗斯·塞尔亚克（Uros Seljak）、马蒂亚斯·扎尔达里亚加（Matias Zaldarriaga）、马克·卡米昂科夫斯基（Marc Kamionkowski）、阿瑟·科索夫斯基（Arthur Kosowski）和阿尔伯特·斯特宾斯（Albert Stebbins）构想出通过对宇宙早期的宇宙微波的极化来发现和观察原始引力波。

2000 年

LISA 项目作为美国国家航空航天局和欧洲航天局的联合太空任务建立。

2001 年

我停止了对 LIGO 的日常参与，与李·林德布隆共同创立了加州理工学院的一个研究计划，致力于模拟碰撞黑洞。我们很快与索尔·图科斯基的类似但更为成熟的计划合作，创建了 SXS 项目，用于极端时空的计算机模拟。

2003 年

约瑟夫·波尔钦斯基预测，在大爆炸奇点后的暴胀时代，一些基本超弦可能已经膨胀到宇宙尺度，从而成为宇宙弦。

2004 年

最初的 LIGO 引力干涉仪接近其设计灵敏度，并开始搜索引力波。

2004 年

E. 斯特尔·菲尼（E. Sterl Phinney）和同事提出了大爆炸观测者——一组类似 LISA 的引力波探测器，可能在 21 世纪中叶搜索具有几秒到几分钟周期的原始引力波。

2004 年

SXS 项目的弗兰斯·普雷托里厄斯（Frans Pretorius）成功进行了第一次黑洞旋进、碰撞和并合的计算机模拟。

2007 年

我和莉娅在洛杉矶帕萨迪纳的一场由理论物理学家丽莎·兰道尔举办的聚会上相遇，并成为亲密的朋友。

2010 年

最初版本的 LIGO 干涉仪完成了（无结果的）引力波搜索，LIGO 团队开始将更先进的干涉仪安装到 LIGO 设施中。

2010—2011 年

莉娅和我同意为《花花公子》杂志撰写一篇文章（由她的绘画和我的诗意散文组成），内容涉及我们宇宙中的卷曲侧。在看到莉娅的绘画后，休·赫夫纳下令不予发表。我们决定将这篇文章扩展成一本书，即本书。

2011 年

美国国家航空航天局取消了与欧洲航天局签署的 LISA 引力波任务协议，由后者独自推进 LISA 任务。

2011 年

唐纳德·马罗夫和阿莫斯·奥里利用爱因斯坦的相对论定律预测了黑洞内部的外飞奇点。2011—2012 年，我和我的学生和博士后发现了从黑洞中突出的扭曲空间的涡旋和拉伸与挤压的伸拽，并探索了它们在黑洞碰撞和随后的几何动力学时空风暴中的行为。我们使用 SXS 计算机模拟和对爱因斯坦的相对论定律进行数学操作来发现和探索这些现象。

2015 年

来自碰撞黑洞的引力波爆发 GW150914 到达地球，并被先进 LIGO 干涉仪检测和观测，从而开启了引力波天文学。

2017 年

来自碰撞中子星的引力波爆发 GW170817 与各种电磁波一起到达地球。它们被 LIGO 及其合作伙伴、先进 VIRGO 引力波观测站以及各种电磁望远镜观测到，从而开启了多信使天文学。

2020 年

先进的 LIGO 干涉仪完成了第三次引力波搜索，每次搜索的灵敏度都比以前更高。它们每 4 天左右就能观测到一次来自碰撞黑洞、碰撞中子星和黑洞吞噬中子星的引力波信号。

词汇表

这个词汇表改编自我的书《黑洞和时间卷曲》。

ANTI-GRAVITATE

反重力：斥力，反重力。

ATOM

原子，基本的物质构建单位。每个原子由带有正电荷的核和围绕核的带有负电荷的电子云组成。电力作用将电子云与核结合在一起。

BBO (BIG BANG OBSERVER)

大爆炸观测者，是一种拟议中的类似于 LISA 引力波观测器的设施，旨在观测和监测我们宇宙的大爆炸诞生时产生的引力波。

BIG BANGS

宇宙大爆炸。

BIG BANG SINGULARITY

大爆炸奇点，我们宇宙可能诞生的奇点，即我们宇宙的物质爆炸性地膨胀的起源。

BKL SINGULARITY

BKL 奇点，在此附近，伸拽以一种混沌的方式在拉伸和挤压之间振荡，这种振荡在空间的相邻区域之间有着极大的差异，并且随着奇点核心的接近变得越来越快。

BLACK HOLE

黑洞，由卷曲时空构成的物体，物体可以落入其中，但任何东西都无法逃脱。

BULK

宇宙体，一个假设的（但可能是真实的）空间，比三维空间更多，我们的宇宙存在其中。

BULK BEING

宇宙体生物，一个假设的生命形式，生活在宇宙体中，因此具有超过 3 个的空间维度。

CHAOTIC

混沌，是指随时间变化的东西，以一种对其起源极为敏感的方式变化，因此即使对其初始的了解有微小的错误，也会使其变得难以理解。

COSMIC STRING

宇宙弦，一种细长曲线，绕它一圈的周长会略小于其直径的 π 倍。这个物体可以被认为是由卷曲时空构成的，因此它是我们宇宙的卷曲一部分。

GAMMA RAYS

伽马射线，波长极短的电磁波。

GENERAL RELATIVITY
广义相对论，爱因斯坦将引力描述为时空卷曲的物理定律。

GEOMETRODYNAMICAL STORM
几何动力学风暴。

GEOMETRODYNAMICS
几何动力学，空间和时间卷曲细节（即时空几何的细节）的动态变化。

GRAVITATIONAL WAVE
引力波，一种以光速传播的时空卷曲波动。卷曲以伸拽的形式呈现，垂直于波的传播方向进行拉伸和挤压，与卷曲空间的涡旋交织在一起，其卷曲轴也垂直于传播方向。

GRAVITY WAVE
重力波，参见引力波。[1]

HORIZON
视界，黑洞的表面；这是（进入黑洞时）无法回头的点，没有任何事物能够从中逃脱。

INFRARED RADIATION
红外辐射，比可见光波长稍长的电磁波。

INTERFEROMETER, GRAVITATIONAL
引力干涉仪，一种用于探测引力波的探测器，引力波的伸拽会使悬挂在细线上的镜子摆动，激光束的干涉可以探测到镜子的运动。

INTERGALACTIC SPACE
星系际空间，星系之间的空间。

INTERSTELLAR SPACE
星际空间，星系内恒星之间的空间。

LAWS OF PHYSICS
物理定律，控制宇宙中物质、力、空间和时间行为的基本规则。

LIGO (LASER INTERFEROMETER GRAVITATIONAL-WAVE OBSERVATORY)
激光干涉引力波天文台，地球上的引力波观测站，由一个位于路易斯安那州利文斯顿附近的引力干涉仪和一个位于华盛顿州汉福德附近的引力干涉仪组成，它们的数据被合并以识别经过的引力波，并提取它们所携带的信息。

LISA (LASER INTERFEROMETER SPACE ANTENNA)
激光干涉空间天线，由 3 架航天器组成的引力波观测站，它们通过激光束相互跟踪，由欧洲航天局计划于 2030 年发射。它将观测比 LIGO 观测的引力波波长长 100 万倍的引力波。

---

[1] 在科技文献中，有时重力波一词是指一种在重力的作用下产生的物质波动模式，与引力波（引力场的波动）有所不同，不过在本书中作者没有采用这种用法，本书中的重力波与引力波是同义词。——译者注

MATERIAL SIDE OF OUR UNIVERSE

宇宙的物质侧，由物质组成的实体和现象（如人类）。

MICROWAVES

微波，电磁波，波长略短于无线电波。

MILKY WAY

银河系，我们所在的星系。

MOLECULE

分子，由几个原子组成的实体，它们彼此共享电子云。比如水分子由两个氢原子和一个氧原子组成。

MOUTH

口，黑洞（只有一个口）或虫洞（有两个口，即虫洞的两端）的入口。对于黑洞，视界可以被看作其口，或者可以将位于视界上方的一个较大区域视为其口。

NAKED SINGULARITY

裸奇点，一种不在黑洞内部（没有被黑洞视界包围）的奇点，因此可以被外部看到和研究。

NATIONAL SCIENCE FOUNDATION (NSF)

美国国家科学基金会，美国政府负责支持基础科学研究的机构。

NEBULA

星云，位于星际空间的一团气体云。

NEUTRON

中子，一种没有电荷的亚原子粒子。中子和质子被强核力束缚在一起，构成了原子核。

NEUTRON STAR

中子星，一种质量大约与太阳相当但直径只有 20 ～ 30 千米的恒星，主要由中子组成，这些中子被恒星引力紧密地压缩在一起。①

NUCLEAR FORCE

核力，通常指强核力——质子和质子、质子和中子，以及中子和中子之间的力；它将原子核结合在一起。还有一种弱核力，这是一种基本力，连接着中微子、电子、质子和中子；它导致放射性，对核裂变至关重要。

NUCLEUS, ATOMIC

原子核，原子的稠密核心。原子核带有正电荷，由中子和质子组成，由强相互作用力维持在一起。

① 此处所说中子星质量与太阳相当是一种比较粗略的数量级比较，实际中子星质量一般为太阳的 2 倍左右。——译者注

ORBIT（名词）

轨道，物体在空间中移动的路径，或两个物体彼此相互环绕移动时的路径。

ORBIT（动词）

轨道运行，沿着轨道移动。

PHOTON

光子，光或任何其他类型的电磁波粒子。光子通常被认为是波的传输者。

PHYSICAL LAWS

物理定律。

PRIMORDIAL

起源于大爆炸。

PULSAR

脉冲星，磁化、自转的中子星，发出辐射光束（射电波，有时也包括可见光和 X 射线）。随着星体的自转，其辐射束像旋转的聚光灯束一样扫过；每当辐射束扫过地球时，天文学家就会接收到辐射脉冲。

QUANTUM (MECHANICAL) FLUCTUATIONS

量子（机械）涨落，由量子物理学定律控制的随机、不可预测的涨落，例如原子内电子的位置。

QUANTUM FOAM

量子泡沫，一种概率性的泡沫状空间结构，可能构成奇点的核心，在普通空间的“普朗克长度”尺度上为 10～33 厘米。

QUANTUM GRAVITY

量子引力，将广义相对论与量子物理定律合并（结合）而得到的物理定律。这些量子引力定律尚未被很好地理解，但可能是“弦理论”或“M 理论”的某种变体。当量子涨落非常小的时候，这些定律应该与广义相对论相同。当空间和时间的卷曲很小时，它们应该与标准量子物理定律相同。

QUANTUM MECHANICS

量子力学。

QUANTUM PHYSICS

量子物理，是当空间和时间的卷曲可以忽略不计时控制量子涨落的物理定律。

QUASAR

类星体，是宇宙中远处的致密、极为明亮的天体，据信由巨大的黑洞驱动。

RADIATION

辐射，任何形式的高速粒子或波。

RADIO WAVES

射电波 / 无线电波，非常低频的电磁波，被人类用来传输无线电信号，也被天文学家用来研究遥远的天体。

SINGULARITY

奇点，时空的一个区域，在这里卷曲变得非常强烈，以至于爱因斯坦的广义相对论法则失效，量子引力的法则接管。奇点的量子引力核心是这些法则完全主导的区域，其他物理法则完全失败。我们目前尚不理解量子引力核心。

SPACETIME

时空，当空间和时间统一时产生的四维“织物”——根据爱因斯坦的广义相对论法则，它们总是统一的，尽管我们人类在日常生活中没有注意到这种统一。

SPACETIME CURVATURE

时空曲率，描述时空的卷曲，即空间和时间的卷曲。

SPACETIME STORM

时空风暴，是卷曲时空的狂野振荡（包括卷曲的涡旋和拉伸 / 挤压的张量），例如由两个黑洞的碰撞产生。

SPAGHETTIFICATION

细条化，是物体沿一个方向强烈拉伸并沿着两个垂直方向挤压的物理学术语，由伸拽造成。

TENDEX

伸拽，由卷曲时空构成的一种结构，其中空间被拉伸（或挤压），从而对物质施加拉伸（或挤压）力。拉伸（或挤压）发生的轴称为伸拽线。通过空间中的每一点，都有 3 条伸拽线经过，其中一条（或两条）拉伸，一条（或两条）挤压。

TIME MACHINE

时间机器，一种假想的设备，至少部分由卷曲时空构成，可用于时间旅行回到过去。

ULTRAVIOLET RADIATION

紫外线辐射，一种波长略短于可见光的电磁辐射。

UNIVERSE

宇宙，一片空间区域，与所有其他空间区域都不相连，就像一个岛屿与所有其他陆地都不相连一样。

VACUUM

真空，一片移除了所有可以移除东西的空间区域；唯一剩下的是无法移除的真空涨落。

VACUUM FLUCTUATIONS

真空涨落，在真空中，一切可能存在的东西（主要是粒子和场）出现的随机、不可预测、不可移除的起伏，任何更复杂的东西出现的概率都极其小。

VIRTUAL PHOTONS

虚光子，临时成对产生的光子，通常是真空涨落的一部分，借用了附近空间的能量。虚光子是真空粒子涨落的一个方面。

VORTEX OF TWISTING SPACE

卷曲空间的涡旋，一种由卷曲时空构成的结构，在其中空间卷曲，从而可以拖曳物质以螺旋的方式旋转。更准确地说：沿着卷曲轴线分开的两个陀螺仪会相对彼此进动，从而显示出卷曲是一种惯性特征。空间卷曲的轴线（使陀螺仪进动）被称为涡旋线。涡旋可以顺时针或逆时针卷曲。

WARPED SIDE OF OUR UNIVERSE

我们宇宙的卷曲侧，是由卷曲时空构成的物体和现象（例如黑洞和引力波）。

WAVE

波，是某个场（例如电磁场）的振荡，在时空中传播。

WAVEFORM

波形，是显示波随时间变化的振荡细节的曲线。

WAVELENGTH

波长，波浪之间波峰的距离。

WORMHOLE

虫洞，一个“手柄”状的东西，穿过宇宙体连接我们宇宙中的两个不同位置。

X-RAYS

X 射线，波长介于紫外线辐射和 γ 射线之间的电磁波。

未来，属于终身学习者

我们正在亲历前所未有的变革——互联网改变了信息传递的方式，指数级技术快速发展并颠覆商业世界，人工智能正在侵占越来越多的人类领地。

面对这些变化，我们需要问自己：未来需要什么样的人才？

答案是，成为终身学习者。终身学习意味着永不停歇地追求全面的知识结构、强大的逻辑思考能力和敏锐的感知力。这是一种能够在不断变化中随时重建、更新认知体系的能力。阅读，无疑是帮助我们提高这种能力的最佳途径。

在充满不确定性的时代，答案并不总是简单地出现在书本之中。“读万卷书”不仅要亲自阅读、广泛阅读，也需要我们深入探索好书的内部世界，让知识不再局限于书本之中。

湛庐阅读 App: 与最聪明的人共同进化

我们现在推出全新的湛庐阅读 App，它将成为您在书本之外，践行终身学习的场所。

- 不用考虑“读什么”。这里汇集了湛庐所有纸质书、电子书、有声书和各种阅读服务。
- 可以学习“怎么读”。我们提供包括课程、精读班和讲书在内的全方位阅读解决方案。
- 谁来领读？您能最先了解到作者、译者、专家等大咖的前沿洞见，他们是高质量思想的源泉。
- 与谁共读？您将加入优秀的读者和终身学习者的行列，他们对阅读和学习具有持久的热情和源源不断的动力。

在湛庐阅读 App 首页，编辑为您精选了经典书目和优质音视频内容，每天早、中、晚更新，满足您不间断的阅读需求。

【特别专题】【主题书单】【人物特写】等原创专栏，提供专业、深度的解读和选书参考，回应社会议题，是您了解湛庐近千位重要作者思想的独家渠道。

在每本图书的详情页，您将通过深度导读栏目【专家视点】【深度访谈】和【书评】读懂、读透一本好书。

通过这个不设限的学习平台，您在任何时间、任何地点都能获得有价值的思想，并通过阅读实现终身学习。我们邀您共建一个与最聪明的人共同进化的社区，使其成为先进思想交汇的聚集地，这正是我们的使命和价值所在。

图书在版编目（CIP）数据

我们宇宙卷曲的一侧 /（美）基普 · 索恩著；（美）莉娅 · 哈洛伦绘；陈学雷译. — 杭州：浙江科学技术出版社，2025. 5. — ISBN 978－7－5739－1734－8

Ⅰ. P1－49

中国国家版本馆 CIP 数据核字第 2025MX7092 号

书　　名　**我们宇宙卷曲的一侧**
著　　者　[美] 基普 · 索恩
绘　　者　[美] 莉娅 · 哈洛伦
译　　者　陈学雷

出版发行　**浙江科学技术出版社**
地址：杭州市环城北路 177 号　邮政编码：310006
办公室电话：0571－85176593
销售部电话：0571－85062597
E-mail:zkpress@zkpress.com
印　　刷　北京启航东方印刷有限公司

开　　本	889mm × 1194mm　1/12	**印　　张**	19.5
字　　数	300 千字	**插　　页**	4
版　　次	2025 年 5 月第 1 版	**印　　次**	2025 年 5 月第 1 次印刷
书　　号	ISBN 978－7－5739－1734－8	**定　　价**	299.90 元

责任编辑　余春亚　　**责任美编**　金　晖
责任校对　张　宁　　**责任印务**　田　文